페렐만의 살아있는 수학 2

Zanimatelnaya arifmetika
Writer-Perelman Y. I.



페렐만의 살아있는 수학 2
〈수학 사냥〉 개정판

초판 1쇄 | 2006년 3월 20일 발행
개정판 4쇄 | 2015년 11월 30일 발행

지은이 | 야콥 페렐만
옮긴이 | 임 나탈리아
삽 화 | 김준연
펴낸곳 | 도서출판 써네스트
펴낸이 | 강완구

출판등록 | 2005년 7월 13일 제 313-2005-000149호
주소 | 서울시 마포구 망원동 379-36
전화 | 02-332-9384
팩스 | 02-332-9383
이메일 | sunestbooks@yahoo.co.kr

값 10,000원
ISBN 978-89-91958-09-8 03410



이 도서의 국립중앙도서관 출판시도서목록(CIP)은 e-CIP 홈페이지(http://www.nl.go.kr/cip.php)에서 이용하실 수 있습니다.(CIP제어번호: CIP2007000978)

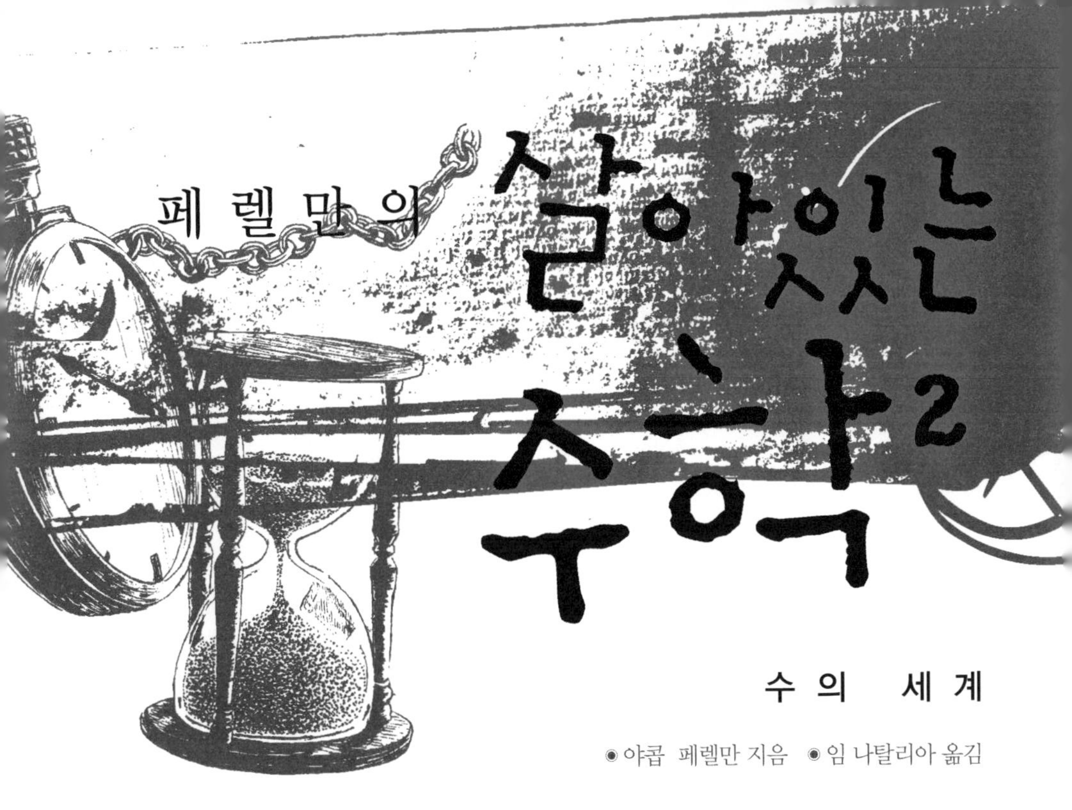


## 수의 세계

◉ 야콥 페렐만 지음 ◉ 임 나탈리아 옮김

써네스트

# 수학 재미있게 즐기기

세상에는 《살아있는 수학》 시리즈와 같은 저서나 번역서가 다양하게 나와 있습니다. 학교에서 배우는 수학에 관심을 불러일으키기 위해 재미있는 문제를 소개하고, 흥미로운 예제를 풀어보고, 관심 있는 이론을 살펴보고, 생활과 관계된 예제를 다루는 게 이 책의 주요 내용입니다.

이미 나온 책들을 살펴보면, 수백 년 동안 축적된 자료에 근거하여 비슷한 소재를 바탕으로 만들어졌음을 알 수 있습니다. 그 때문에 이런 책들은 서로 비슷하고 거의 똑같은 주제를 다루고 있습니다. 수학적 관심을 불러일으키는 전통적인 자료들은 너무나 오랫동안 사용되었습니다. 새 술은 새 부대에 담듯이 새로운 책은 새로운 내용으로 만들어야 합니다.

《살아있는 수학2-수의 세계》는 새로운 것, 지난날에는 주의를 기울이지 않던 수학적 개념에 관해서 쓴 책입니다. 새로운 주제를 찾기 위해서 지은이 나름대로 많은 연구를 했지만 그 과정은 쉽지 않았습니다. 가능하면 지은이가 만든 새로운 내용으로 책을 구성하고자 했습니다. 《살아있는 수학》 시리즈는 이러한 모음집의 새로운 시도이기에 여러분의 관심 어린 비판을 바랍니다.

《살아있는 수학2- 수의 세계》는 집중하지 않고 읽어도 쉽게 이해할 수 있게 배려하고, 다툼의 여지가 있는 것은 될 수 있는 대로 피했습니다. 그리고 여러분이 모두 다 이해할 수 있는 범위에서 책을 만들려고 노력했습니다.

독자 여러분이 지닌 수학의 기초지식만으로도 충분히 이해할 수 있는 내용을 담았습니다. 여러분은 이 책에서 정말 새롭고 재미있는 사실을 발견할 것입니다.

| 야콥 페렐만 |

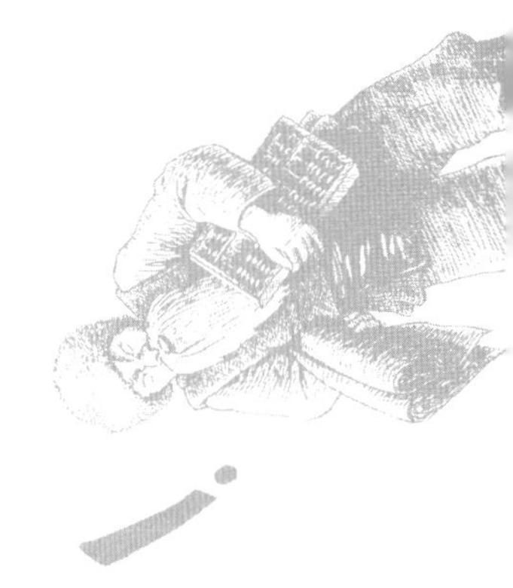

차 례

## 02 | 주산의 원리와 기수법



## 03 | 누구나 할 수 있는 마술



## 04 | 수의 재미있는 특성



## 05 | 빠른 계산과 근사값

## 06 | 거인수와 난쟁이수



## 07 | 수학 여행

# 01

# 수학의 역사

⚜

수학이라는 것은 왜 생겼을까요?

그렇습니다. 계산을 하는 데 빠르고 편리하게 하려고 하는 것입니다. 옛날에도 곱하기나 나누기를 지금같이 하고 있었을 것이라고 생각하는 것은 잘못입니다.

수백 년 아니 수천 년 동안 역사가 흐르면서 바뀌고 변화된 것이 바로 지금 여러분들이 쓰고 있는 곱하기 공식이고 나누기 공식입니다. 여러분들은 그것을 아주 쉽게 배우고 또 이렇게 쉬운 것을 옛날 사람들이라고 모를 리 없을 것이라고 생각 하겠지만 실제로 불과 이백 년 전만 해도 사람들은 곱하기를 할 수 가 없었다고 합니다. 그러니 얼마나 힘들여서 계산을 했을까요? 게다가 숫자를 계산하기도, 기입하기도 편하며 지금은 전세계에서 의사소통이 이루어지는 아라비아 숫자도 없었다고 하니 정말 우리 조상들은 많이 답답하였을 것입니다.

이 장에서는 옛날에는 수를 어떻게 표기했으며 또 그 계산을 어떻게 했는지에 대해서 알아보도록 합시다.

# 1. 암호

혁명이 일어났던 1917년 3월 러시아 제2의 도시 상트페테르부르크 시민들은 공포에 휩싸였다. 그때까지 볼 수 없던 이상한 표시가 아파트 문을 비롯하여 여러 곳에서 눈에 띄었기 때문이다. 누가 무슨 이유로 이러한 표시를 했는지 알 수 없었기에 공포감은 더했다. 갖가지 소문이 나돌기 시작했다. 그 표시는 세로 막대와 십자가로 이루어져 있었다.

도둑들이 다음에 도둑질할 집을 표시한 것이라는 근거 없는 소문이 돌기도 했다. 상트페테르부르크 시 당국은 시민들을 안심시키며 "요즘 발견된 막대와 십자가 모양의 암호는 공산 혁명가와 독일 스파이가 표시한 것으로 밝혀졌다. 발견하자마자 이 표시를 없앨 것이며, 표시하는 사람을 발견하면 곧 가까운 경찰서에 신고하거나 가능하면 잡아서 경찰서로 넘겨주기 바란다."라고 발표하였다.

막대와 십자가로 이루어진 암호는 우리 집 문에도 이웃집 문에도 어김없이 그려져 있었다. 어려운 문제를 곧잘 풀던 내 경험은 이 표시를 해독하는 데 도움이 되었다. 실제로 해독이 어렵지도 않았고 무서운 뜻도 전혀 없었다. 나는 다음과 같은 기사를 신문에 실어 암호에 대한 사람들의 궁금증을 풀어주었다.

### 암호에 대하여

현재 상트페테르부르크의 많은 담벼락에 씌어 있는 표시는 어떤 음모가 있을 거라고 생각하는데 실제로는 아주 단순한 뜻을 담고 있다. 내가 이야기하는 표시는 다음과 같다.

┼││　　　┼┼│││││　　　┼┼┼│││

위와 같은 표시가 대부분의 아파트 문과 계단에 씌어 있다. 특히 이러한 표시는 한 건물의 아파트에 모두 표시되어 있으며, 똑같은 표시가 나타나는 경우는 없다. 어설프게 그려진 표시는 사람들을 긴장하게 만들지만, 아파트 호수와 비교해본다면 아주 간단하게 이해할 수 있다. 예를 들어 위의 표시는 12호, 25호, 33호에 씌어진 것이다. 즉

| ┼││ | ┼┼│││││ | ┼┼┼│││ |
|---|---|---|
| 12 | 25 | 33 |

우리는 십자가는 십을 가리키고 막대는 일을 뜻함을 어렵지 않게 알 수 있다. 내가 살펴보니 하나의 오차도 없이 그렇게 씌어 있었다. 이것은 중국인

당시 상트페테르부르크에는 중국인이 많이 있었다. 나는 중국의 상형문자에서 십자가가 10을 뜻하는 것을 나중에야 알게 되었다. 중국인은 그때까지 아라비아 숫자를 사용하지 않았다.

청소부들이 알 수 있게 적은 번호이다. 그

들은 러시아 숫자를 이해하지 못했기 때문이다. 이 표시는 실제로는 오래 전에 생겨났다. 그런데 2월 혁명이 일어났던 시기에 사람들의 관심을 끌게 된 것이다.2월 혁명이 일어나기 전까지 사람들이 왜 그 표시를 보지 못했을까 궁금할 것이다. 당시 아파트 입구는 둘이었는데 혁명 전까지는 대부분 건물 앞 정문을 이용했고 혁명 후에는 정문을 닫고 뒷문을 이용했기 때문에 뒷문 쪽에 있던 표시를 보게 된 것이다.

청소부들이 전에 일하던 러시아의 시골 마을에서도 같은 모양의 암호(단지 십자가가 약간 기울어진 표시)가 목격되었다는 것은 이 비밀스러운 부호를 표시한 사람이 누구인지 별로 어렵지 않게 알 수 있게 했다. 그것은 다만 집의 호수를 나타내는 숫자인데 어느 날 갑자기 사람들이 관심을 가졌을 뿐이다.

## 2. 옛날엔 수를 어떻게 표시했을까

상트페테르부르크의 청소부들은 수를 간단하게 표시하는 방법을 어떻게 알았을까? 십자가가 십을 가리키고 막대가 일을 뜻함을 어디에서 배웠을까?

물론 그들이 이러한 표시를 도시에 와서 생각한 것은 아니고 그들의 고향에서 가져왔다. 사람들은 오래 전부터 수를 표시하면서 살아왔다. 글자를 모르는 농민도 그것을 할 줄 알았다. 아주 오래된 옛날부터 러시아뿐만 아니라 전 세계 사람들은 이러저러한 방식으로 수를 표시했다. 위에서 예를 든 중국인들이 사용했다는 수 표시는 고대 로마에서 사용하던 숫자와 비슷하다. 로마에서는 막대는 일을, 기울어진 십자가는 십을 의미했다.

그렇다면 예전의 러시아에서는 어떤 식으로 수를 표시했을까? 러시아도 마찬가지 형태의 표시를 사용했다. 다만 약간 더 복잡했다. 예를 들면 세관원은 세금을 걷고나서 장부에 금액을 표시해야 했다. 즉 사람들이 돈을 가지고 오면 장부에 이름과 금액을 적어야 했다. 그래서 다음과 같은 규칙으로 장부에 기입했다.

| | |
|---|---|
| 10루블 | □ |
| 1루블 | ○ |
| 10코페이카 | × |
| 1코페이카 | \| |
| 1체트베르찌 | — |

체트베르찌 : 러시아의 화폐 단위로 4체트베르찌는 1코페이카이고 100코페이카는 1루블이다.— 옮긴이

예를 들어 28루블 57코페이카 체트베르찌 세 개는 다음과 같이 표시하였다.

□□○○○○○○○○×××××|||||||≡

한편 다른 장부에는 일반 국민들이 사용하던 숫자가 약간 다르게 나타난다. 1,000루블은 특별한 모양이다. 예를 들면 뿔이 여섯 개인 별 모양 안에 십자가가 그려진 것이 그것이다. 100루블은 살이 여덟 개인 바퀴 모양을 그려 넣었다. 루블과 10코페이카를 나타내는 것도 다른 방식으로 표시하였다. 이 장부의 규칙은 다음과 같다.

| | |
|---|---|
| 별 | 1,000루블 |
| 바퀴 | 100루블 |
| 사각형 | 10루블 |
| × | 1루블 |
| ǀǀǀǀǀǀǀǀǀǀ | 10코페이카 |
| ǀ | 코페이카 |

그림 1. 옛 러시아 관리들이 장부에 쓴 1,232루블 24코페이카

여기서는 더 이상 첨가하지 못하도록 선으로 그림을 감쌌다. 예를 들면 1,232루블 24코페이카를 위의 그림처럼 표시하였다.

앞에서 보듯이 아라비아 숫자나 로마 숫자만이 수를 표시하는 방법이 아니었음을 알 수 있다. 예전에도 그랬듯이 오늘날 어딘가에서는 로마 숫자나 아라비아 숫자와 전혀 다른 숫자를 쓰고 있을 것이다.

앞에 든 예들이 수를 표시하는 방법의 전부는 아니다. 상인들은 자신만이 알 수 있는 방법, 곧 '상인들의 표시' 로 수를 표기했다. 한번 자세히 알아보자.

## **3.** 상인들의 표시

러시아에 혁명이 일어나기 전까지 작은 상점의 상인이나 뜨내기 상인, 특히 시골 마을의 상인들이 판 물건에는

**a ve　　　　v uo**

같은 이상한 알파벳이 씌어 있었다.

이것은 단순히 물건을 구매하는 사람들이 그 뜻을 모르게 하기 위해 상인들이 써놓은 가격에 지나지 않는다. 상인들은 한눈에 감추어진 뜻을 알 수 있었다. 팔 물건에 가격을 덧붙인 다음에 흥정하면서 값을 깎아주었던 것이다.

그림 2. 상인들은 자신만이 알아볼 수 있도록 비밀부호를 사용했다

어떻게 이걸 만들었을까? 아주 간단하다. 상인은 서로 다른 알파벳 열 개가 있는 단어를 골랐다. 예를 들어 '재판' 이라는 뜻의 러시아어 'pravosudie' 를 이용했다. 즉 첫 번째 알파벳은 1을 뜻하고 두 번째는 2, 세 번째는 3,…… 열 번째 알파벳은 0을 뜻하였다. 이렇게 만들어진 알파벳 숫자가 바로 물건의 값을 뜻한다. 이런 식으로 상

인들의 이익이 얼마인지 고객이 알지 못하게 하였다. 'pravosudie' 라는 단어를 골랐다면 다음과 같고

| p | r | a | v | o | s | u | d | i | e |
|---|---|---|---|---|---|---|---|---|---|
| 1 | 2 | 3 | 4 | 5 | 6 | 7 | 8 | 9 | 0 |

4루블 75코페이카는

v uo

로 표시된다. 때때로 물건 값을 분수로 표시하기도 했다. 예를 들어 내가 산 책에는

$$\frac{\text{oe}}{\text{pro}}$$

이라고 표시되었는데, 이는 '책값을 1루블 25코페이카로 부르고, 실제 원가는 50코페이카' 라는 뜻이다.

## 4. 바둑알로 가린 숫자

위에서 이야기한 대로라면 숫자뿐만 아니라 주위의 모든 것, 곧 연필, 펜, 자, 지우개 등으로도 수를 나타낼 수 있음을 알 수 있다. 단지 어떤 것이 어떤 숫자를 의미하는지를 명확하게 하면 된다. 마찬가지로 물건 숫자를 이용해서 더하기 빼기 곱하기 나누기도 할 수 있다.

외국의 체스 잡지에 다음과 같은 문제가 나왔는데, 거의 모든 숫자가

그림 3. 바둑알로 가려진 수식을 알아맞히기는 쉽지 않다

바둑알로 가려진 나누기 문제였다(그림 3). 숫자 28개 가운데 단 두 숫자만을 알 수 있다. 하나는 몫의 8이었고 또 하나는 나머지 부분의 1이었다.

언뜻 보면 가려진 숫자 26개를 안다는 것이 불가능한 것처럼 보인다. 하지만 나누기 문제를 많이 접해본 사람이라면 그렇게 어렵지 않은 문제다.

### 풀 이

우선 몫의 왼쪽에서 두 번째 숫자는 0이다. 이는 나누는 수가 한자릿수가 아니라 두 자릿수이기 때문이다. 계산식을 자세히 보면 맨 처음 나누었을 때 나머지 값이 나누는 값보다 작음을 알 수 있고, 그럴 경우에 몫은 0이기 때문이다. 마찬가지로 네 번째 숫자도 0이 된다.

그리고 식을 자세히 보면 두 자릿수를 8로 곱했을 때는 두 자릿수이지만 몫의 첫째 자리 숫자를 곱했을 때는 세 자릿수가 된다. 곧 첫 번째 숫자는 8보다 큰 숫자이다. 한자릿수 가운데 8보다 큰 수는 9밖에 없다. 그러므로 몫의 첫 번째 값은 9이다. 마찬가지로 몫의 마지막 값도 9밖에 없다.

여기서 우리는 몫이 90809임을 알았다. 이제 나누는 수(승수)를 구하면 된다. 우선 이 값이 두 자릿수임을 안다. 게다가 이 두 자릿수는 8을 곱했을 때는 두 자릿수이고, 9를 곱하면 세 자릿수임을 안다. 어떤 수일까? 하나씩 곱해보자. 먼저 가장 작은 수인 10을 곱해보자.

10×8=80

10×9=90

둘 다 두 자릿수이기 때문에 10은 위의 조건을 충족시키지 못한다. 그 다음 수인 11을 곱해보자.

11×8=88

11×9=99

둘 다 두 자릿수가 나왔으니 11 또한 아니다. 12를 곱해보자.

12×8=96

12×9=108

12는 위의 조건을 충족한다. 더 없을까? 13을 곱해보자.

13×8=104

13×9=117

두 값 모두 세 자릿수이다. 13도 위의 조건을 충족시키지 못한다. 13보다 큰 수는 모두 조건을 충족시키지 못할 것임을 알 수 있다. 이럴 때 유일한 답은 12이다.

이렇게 나누는 수, 몫, 나머지를 알면 아주 쉽게 식을 성립시킬 수 있다. 곧 나누어지는 수는 90809×12+1=1089709이다. 그러면 식은 다음과 같이 정리할 수 있다.

```
     90809
12 ) 1089709
    108
      97
      96
       109
       108
         1
```

이런 식으로 단 두 개의 숫자를 가지고 26개의 숫자를 알아낼 수 있었다.

## 5. 식탁에서 즐기는 수학

식사할 때 쓰는 '포크' '숟가락' '나이프' '물주전자' '찻주전자' '접시' 등이 일정한 숫자를 대신해서 계산식 위에 놓여 있다(그림 4). 포크, 나이프, 그릇 등의 그림이 어떤 숫자를 나타내는지 알아맞혀보자.

첫눈에 예사롭지 않음을 느낀다. 장 프랑수아 샹폴리옹(1790-1832)이 이집트 상형문자를 해독하는 듯한 느낌이지만 실은 매우 쉬운 문제이다. 비록 포크, 나이프, 숟가락 등으로 나타낸 것이지만 여러분은 이것이 숫자를 의미함을 알고 있다. 그 숫자가 십진수임을 알고 있다. 곧 오른쪽에서 두 번째 줄에 있는 접시는 십의 자리 숫자이고 접시의 오른쪽은 일의 자리 숫자, 왼쪽은 백의 자리 숫자라는 것을 안다. 그리고 식사 도구는 저마다 자신만의 숫자를 가지고 있다. 이것이 이 문제를 푸는 데 많은 도움이 될 것이라 생각한다.

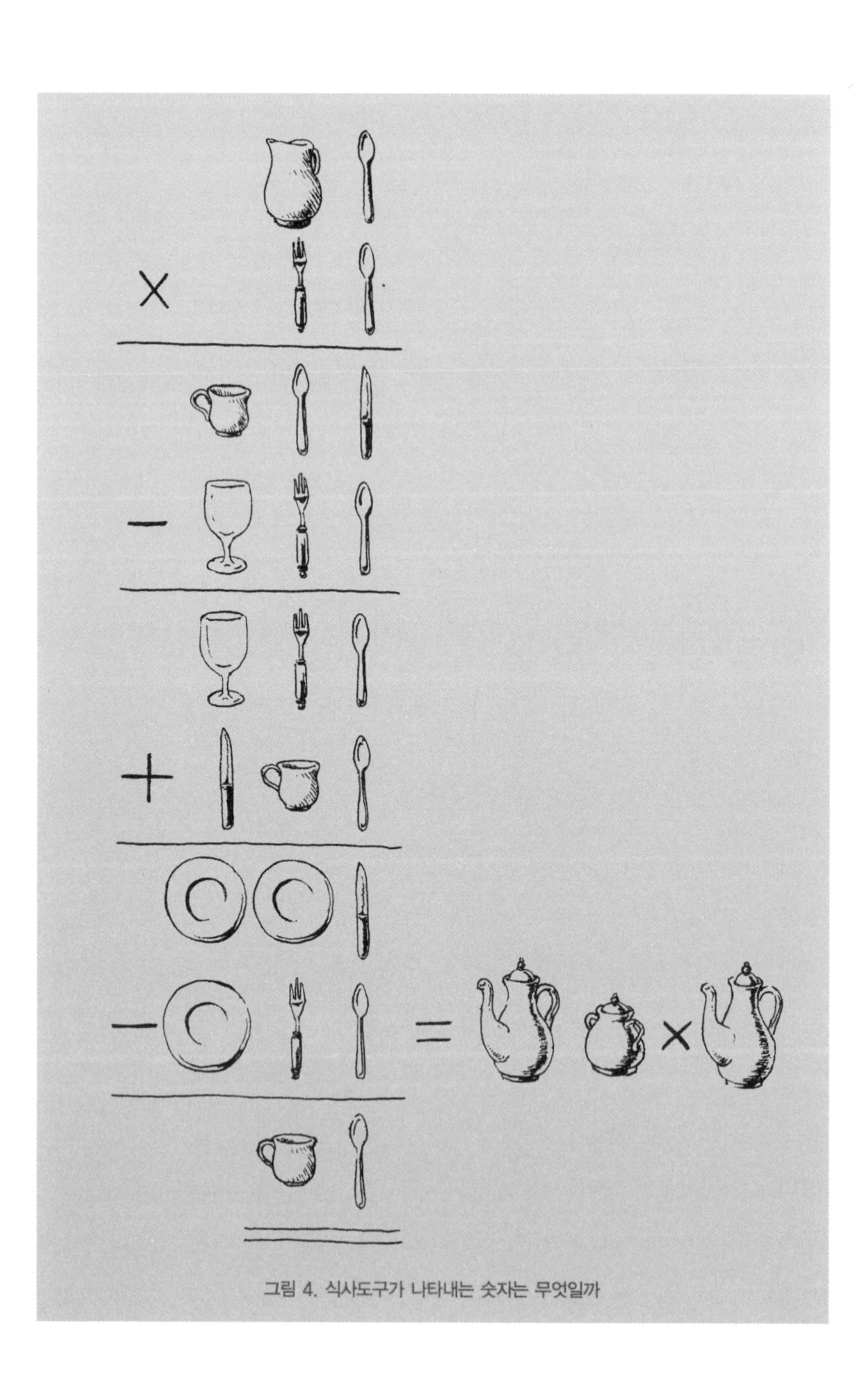

그림 4. 식사도구가 나타내는 숫자는 무엇일까

## 풀 이

다음의 방법으로 식사 도구들이 나타내는 의미를 알 수 있다. 우선 처음 세 줄을 보았을 때 '숟가락'에 '숟가락'을 곱하면 '나이프'가 된다. 그 다음 줄에서는 '나이프'에서 '숟가락'을 빼면 '숟가락'이 된다. 또는 '숟가락' + '숟가락' = '나이프'가 된다.

한자릿수 중 어떤 것이 둘을 더했을 때와 곱하기를 했을 때 같은 수를 만들까? 그럴 수 있는 숫자는 오직 2뿐이다. $2\times2=2+2$이다. 이렇게 해서 '숟가락'이 2, '나이프'는 4임을 알 수 있다.

다음 단계로 넘어가자. '포크'는 어떤 숫자를 의미할까? 이것을 처음 세 줄에서 풀어보자. 처음에 '포크'는 곱하기에 포함되었고, 다음 Ⅲ, Ⅳ, Ⅴ줄에서는 '포크'는 뺄셈에 들어가 있다. 뒤의 뺄셈에서 십의 자리에서 '숟가락'에서 '포크'를 빼면 '포크'가 됨을 알 수 있다. 곧 2에서 '포크'를 빼면 '포크'가 된다. 이런 경우는 두 경우뿐이다. '포크'가 1일 때 곧 $2-1=1$, 또는 '포크'가 6일 때 12('찻잔'이 십의 자리의 1이라고 할 경우)에서 6을 빼면 6이 나온다. 어느 것을 선택해야 할까? 1일까, 6일까?

6이 다른 '포크'에서도 유용한지 알아보자. Ⅰ, Ⅱ줄에서의 곱셈을 보자. '포크'가 6이면 두 번째 줄의 수는 62(이미 '숟가락'이 2임을 알고 있다.)이다. 이렇게 되려면 첫 번째 줄의 수는 12여야 함을 알 수 있다. 즉 '물주전자'가 1을 뜻해야 한다. '물주전자'가 2 또는 그보다 더 큰 수를 뜻한다면 Ⅰ, Ⅱ 줄의 수가 세 자릿수가 아닌 네 자릿수이어야 하기 때문이다. 곧 '포크'가 6이라면 Ⅰ줄의 수가 12이고 Ⅱ줄의 수는 62이다. 이랬을 때 계산하면 $12\times62=744$이다.

하지만 십의 자리 숫자에 '숟가락'이 있기 때문에 이런 수는 불능이다. 4가 아니라 2이어야 한다. 곧 '포크'를 6이라 할 수 없으므로 '포크'는 1이 된다.

그림 5

한참 에돌아 찾았지만 결국 '포크' 가 뜻하는 숫자가 1임을 알게 되었다. 다음 단계에서는 더욱 쉽고 빠르게 답을 찾을 수 있다. III과 IV줄의 뺄셈에서 '찻잔' 은 6 또는 8을 의미함을 알 수 있다. 여기서 8을 버려야 한다. 8이라고 하면 '포도주잔' 이 4를 뜻하는데, '나이프' 가 4를 의미함을 이미 알기 때문에 '포도주잔' 이 4가 될 수 없다. 그래서 '찻잔' 은 6을 뜻한다. 그리고 '포도주잔' 은 3을 나타냄을 알게 된다.

I줄의 '물주전자' 는 어느 숫자를 의미할까? 이미 III줄의 계산에서 624를 알아냈고, II줄의 곱셈에서 12를 알기 때문에 624를 12로 나누면 52가 나오고 결과적으로 '물주전자' 가 5를 뜻함을 알게 된다.

'접시' 의 의미는 매우 간단하게 알 수 있다. VII줄에서 '접시' = '포크' + '찻잔' = '포도주잔' + '나이프' 이다. 곧 '접시' =1+6=3+4=7 이다.

이제 VIII줄의 '찻주전자' 와 '설탕그릇' 의 의미만 풀면 된다. 숫자 1, 2, 3, 4, 5, 6, 7을 의미하는 것은 이미 찾았기 때문에 8, 9, 0 가운데에서 고르면 된다. 마지막 세 줄의 계산식에서 식사 도구 대신 숫자를 넣으면 다음과 같은 식이 된다(알파벳 A 는 '찻주전자' 를, B는 '설탕 그릇' 을 뜻함).

$$\begin{array}{r} 774 \\ -\ 712 \\ \hline 62 \end{array} = AB \times A$$

숫자 712는 두 개의 미지수(AB와 A)의 곱셈값이다. 이랬을 때 AB와 A 둘 다 0이 되어서는 안 된다. 그러므로 A와 B는 0이 아니다. 그러면 두 가지 경우만 남는다. 곧 A = 8, B = 9일 경우와 A = 9, B = 8인 경우이다. 하지만 98 곱하기 8은 712가 아님을 알 수 있다. 결국 '찻주전자' 는 8을 '설탕그릇' 은 9를 뜻한다(실제 89×8=712이다).
이렇게 해서 식사 도구로 만들어진 상형문자를 모두 해석했다. '물주전자' = 5. '찻잔' = 6, '설탕그릇' = 9, '숟가락' = 2, '포도주잔' = 3, '접시' = 7, '포크' = 1, '찻주전자' = 8, '나이프' = 4. 식사 도구를 모두 숫자로 바꾸면 다음과 같은 식이 된다.

$$\begin{array}{r} 52 \\ \times\ \ 12 \\ \hline 624 \\ -\ 312 \\ \hline 312 \\ +\ 462 \\ \hline 774 \\ 712 \\ \hline 62 \end{array} \begin{array}{l} \\ \\ \\ \\ \\ \\ \\ \\ \\ = 89 \times 8 \\ \\ \end{array}$$

# 6. 숫자 수수께끼

숫자 수수께끼는 미국 학생들이 즐기는 게임이다. 생각한 숫자를 마치 우리가 앞에서 한 것처럼 알아맞히는 놀이이다.

술래는 반복되지 않는 자음과 모음으로 이루어진 단어 또는 단어의 조합을 생각한다. 그리고 각각의 알파벳에 숫자를 순서대로 붙인 다음 나누기 식을 만든다.

생각한 단어가 'duplicates' 라면

| d | u | p | l | i | c | a | t | e | s |
|---|---|---|---|---|---|---|---|---|---|
| 1 | 2 | 3 | 4 | 5 | 6 | 7 | 8 | 9 | 0 |

숫자를 붙여 만든 예는 다음과 같다.

```
         108                  dst
6780 ) 733490         cats ) apples
       6780                  cats
       ------                ------
        55490                 iiles
        54240                 iluls
       ------                ------
         1250                  duis
```

나누어지는 값 = apples, 733,490

나누는 값 = cats, 6,780

마찬가지로 다른 단어로 식을 만들 수 있다.

```
             905                      esi
87089 | 78858219          taste | attitude
        783801                    atptsd
          478119                   latdde
          435445                   lpilli
           42674                    lucal
```

나누어지는 값 = attitude, 78,858,219

나누는 값= taste, 87,089

이런 식으로 숫자 대신 알파벳을 넣은 식을 만들어 알파벳이 의미하는 숫자를 알아맞히는 놀이가 숫자 수수께끼이다.

알파벳으로 된 식을 푸는 방법은 이미 앞에서 알아봤다. 물론 쉽지 않겠지만 중요한 힌트 몇 개만 주어지면 알파벳 식을 수식으로 바꾸는 것은 어렵지 않다. 주어진 문제가 매우 간단한 식으로 이루어졌다면 오히려 문제풀기는 훨씬 어렵다. 이런 경우에는 문제를 낸 사람에게 십 분의 일이나 백 분의 일 자리까지 식을 만들어 줄 것을 요청하면 문제는 훨씬 쉬워진다. 우리는 몫의 소수점 위의 숫자에 초점을 맞추고 그것을 기준으로 문제를 풀면 된다.

## **7.** 세 자릿수 알아맞히기

조금 다른 형태의 수수께끼를 보자. 서로 다른 숫자 A, B, C 세 개가 있다. 이 수의 조합인 ABC를 임의로 만들고 C는 일자리 숫자, B는 십자리 숫자, C는 백자리 숫자임을 기억하자. 아래의 내용을 안다고 가정하고 이

수를 알아맞히자.

```
      ABC
×     BAC
─────────
     ****
     **A
   ***B
─────────
   ******
```

별표는 알지 못하는 숫자를 의미한다.

### 풀 이

우선 A도 B도 C도 0이 아님을 알 수 있다. 왜냐하면 셋 중의 하나가 0이라면 세 자릿수가 나오지 않을 수도 있기 때문이다. 다음은 C×A는 A로 끝나고 C×B는 B로 끝남을 알 수 있다.
여기에서 C가 1이거나 6임을 알 수 있다. 1일 때에는 너무나 잘 알고 있다. 6일 때에는 다음과 같은 경우의 수가 있다.

6×2=12, 6×8=48, 6×4=24

다른 수일 때에는 이러한 모습이 나올 수 없다. 하지만 C가 1일 때에는 곱하기를 해도 네 자릿수가 나올 수 없다. 결국 C=6인 경우만 성립한다.
우리는 방금 C=6이라고 확신했다. 그러면 이 결과에 따라 A와 B는 2, 4, 8 가운데 하나임을 알 수 있다. 그리고 몫 계산의 두 번째 줄에서 세 자릿수가 나온 것은 A가 4나 8일 수 없음을 의미한다. 그러므로 A=2이다.
B의 경우는 두 가지 가능성이 있다. 곧 B=4이거나 B=8일 가능성이다. 몫 계산 부분의 세 번째 줄은 네 자릿수로 되어 있다. 그러면 A=2일 때 B

가 4라면 네 자릿수가 아닌 세 자릿수가 나온다. 그러므로 B=8이다.

그래서 A=2, B=8, C=6임을 알 수 있다. 미지수는 286이다. 위의 곱하기 식은 다음과 같이 정리할 수 있다.

$$\begin{array}{lr} & 286 \\ \times & 826 \\ \hline & 1716 \\ + & 572\phantom{0} \\ & 2288\phantom{00} \\ \hline & 236236 \end{array}$$

## 8. 도서카드에 숨은 십진법

십진법은 전혀 사용되지 않을 곳이라고 생각되는 곳에서 사용하는 경우가 있다. 대표적인 예가 바로 도서관인데, 도서관의 책 정리는 십진법에 따라서 이루어지고 있다. 거의 모든 도서관에서 전통적인 방법에 따라 책 분류가 이루어지며, 책 한 권 한 권에는 번호가 씌어 있다. 이를 '십진분류법' 이라고 한다. 이 방법은 도서관 이용자들이 목록에서 쉽게 책을 찾을 수 있도록 도와준다.

이 시스템은 복잡하지 않을 뿐 아니라 매우 편하다. 주된 내용은 각 분야별로 고유번호가 있는 점이다. 고유번호의 구성은 전체 분야에서 이 분야가 차지하는 분야가 어디인지를 나타낸다.

모든 책은 처음에 열 분야로 나눈다. 이 열 분야는 0부터 9까지 숫자로 표시한다. 예를 들면 다음과 같다.

0. 총류

1. 철학, 심리학
2. 종교
3. 사회 과학
4. 언어
5. 자연과학, 수학
6. 기술과학(응용과학), 의학
7. 예술, 응용예술, 사진, 음악, 게임, 스포츠
8. 언어, 언어학, 문학, 문예학
9. 지리, 역사

첫 번째 숫자는 현재 어떤 분야의 책을 찾는지를 나타낸다. 예를 들어 철학책은 숫자 1로 시작하고, 수학책은 숫자 5로 시작하고, 기술과학책은 숫자 6으로 시작한다. 책 겉에 표시된 숫자가 8로 시작되면 책 내용을 보지 않더라도 어학 관련 책임을 알 수 있다.

각 대분류는 마찬가지로 다시 열 개로 나뉜다. 이 분류도 마찬가지로 0에서 9까지 숫자로 이루어져 있다. 예를 들어 5번의 자연과학, 수학책은 다음과 같이 분류된다.

50. 일반수학 및 과학일반
51. 수학
52. 천문학, 우주물리학, 우주공간연구, 측지학
53. 물리학

54. 화학, 결정학, 유기화학

55. 지리학, 지구물리학

56. 고생물학

57. 생물학

58. 식물학

59. 동물학

마찬가지로 다른 대분류도 열 개로 나뉜다. 예를 들어 6번 기술과학에서 의학은 61, 농학은 63, 무역과 통신은 65, 화학공업과 기술은 66번으로 표시한다. 이런 방법으로 9번의 분류에서 지리학과 여행은 91번이다.

두 숫자와 결합된 세 번째 숫자는 대분류 안의 소분류에서 더욱더 세밀한 분야를 나타낸다. 예를 들어 51번 수학 분야에서 1이 더 들어간 숫자 511은 산수에 해당하는 책을 나타낸다. 512는 대수학, 514는 기하학을 나타낸다. 53번 물리학 분야의 책에서 전기공학에 해당하는 책은 537번, 광학은 535번, 열역학은 536번이 된다.

그림 6. 십진법에 따라 구성된 도서카드

도서관의 십진분류법은 필요한 책을 찾는 데 매우 유용하게 작용

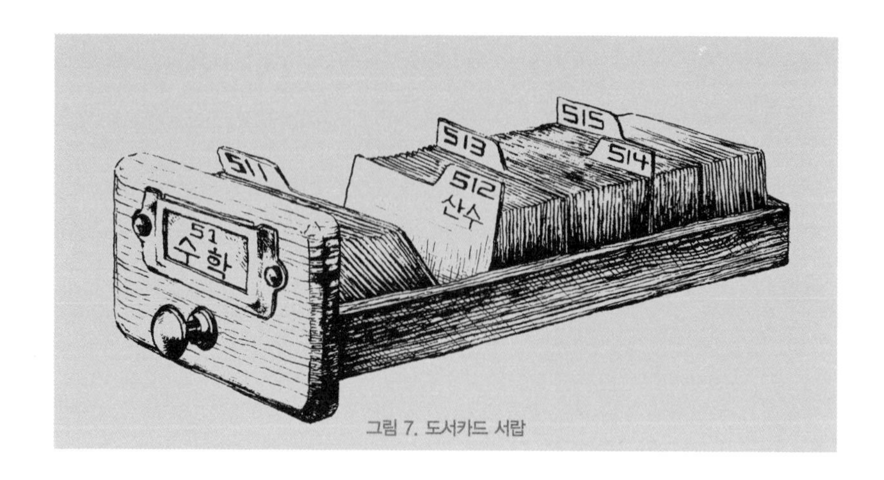

그림 7. 도서카드 서랍

한다. 여러분이 기하학에 관심 있다면 5로 시작하는 도서카드 서랍에서 51번으로 시작하는 번호가 들어 있는 칸을 열어 514번으로 시작하는 책을 찾으면 된다. 바로 그곳에 이 도서관이 소유한 기하학에 관한 모든 책이 모여 있다. 도서관 규모가 아무리 크더라도 이 십진분류법의 범위를 벗어나서 도서카드를 만들지는 않는다.

## 9. 둥근 수

우리를 둘러싸고 있는 많은 수 가운데 사람들은 저마다 자기 마음에 드는 수를 가지고 있다. 예를 들어 러시아 사람들은 '둥근 수'를 좋아한다. '둥근 수'란 끝이 0이나 5로 끝나는 수를 말한다. 이러한 수를 좋아하는 것은 비단 러시아인뿐만 아니라 유럽인도 마찬가지이고 그들의 조상도 마찬가지다. 예를 들어 고대 로마인도 둥근 수를 좋아했고, 다른 많은 민족도 이 수를 좋아했다.

20세기 초 인구조사를 살펴보면 5나 0으로 끝나는 나이의 사람 수가 실제 수보다 많은 것을 알 수 있다. 이유는 사람들이 자기 나이를 정확하게 알지 못한 데다가 그나마 나이를 두루뭉수리로 대답했기 때문이다. 이렇게 '둥근 수'를 만드는 모습이 로마시대의 무덤에도 나타난다는 것은 매우 재미있는 일이다.

한 심리학자는 고대 로마 무덤의 비석에 이 같은 둥근 수가 다른 수에 비해서 훨씬 더 많이 씌어 있고, 미국에서는 흑인이 많이 사는 앨라배마 주 인구조사를 할 때 '둥근 수' 빈도가 다른 수에 비해 훨씬 높았다고 한다. 그래서 로마인이나 러시아인이나 흑인 모두 같은 수에 매력을 느낀다는 놀라운 결과를 이끌어낸다. 나이의 마지막 숫자, 그것의 반복 정도에 따라 숫자를 나열하면 거의 똑같은 결과를 나타낸다. 그 순서는 다음과 같다.

0 , 5 , 8 , 2 , 3 , 7 , 6 , 4 , 9 , 1

이것이 전부가 아니다. 현대 유럽인의 수에 대한 매력을 알아보기 위해 많은 사람들에게 종잇조각을 보여주며 몇 밀리미터나 되는지 물어보았다. 예를 들어 손가락만한 종잇조각을 보여주며 답을 쓰라고 했다. 그런 다음 수의 끝자리 숫자의 빈도를 분석했더니 위의 숫자의 나열과 똑같은 빈도의 결과를 얻었다. 즉

0 , 5 , 8 , 2 , 3 , 7 , 6 , 4 , 9 , 1

이렇듯 인류학적으로나 지리학적으로 완전히 다른 곳에 살고 있는 사람들이 둥근 수, 곧 0과 5로 끝나는 수에 매력을 느꼈으며, 둥글지 않은

수에는 큰 매력을 느끼지 못했다는 것을 우연이라고 하고 넘기기엔 아쉬운 점이 있다.

오와 십에 대한 사랑은 우리의 계산법인 십진법에서도 나와 있다. 바로 양손의 손가락 수이기도 하다.

## 10. 나누기는 어려워

우리는 성냥불을 켜면서 조상, 그것도 바로 얼마 전까지의 조상들이 불을 구하기 위해 얼마나 많은 노력을 했는지 생각해보기도 한다. 하지만 쉽고 간단하게 수학문제를 풀면서 조상들도 지금 우리 방식대로 빠르게 답을 구하는 방법을 사용하지 않았다고 생각하는 경우는 드물다.

조상들은 훨씬 더 복잡하고 느린 방법으로 수학문제를 풀었다. 20세기 학생이 2, 3세기 전으로 간다면 조상들은 학생의 수학문제 해결 능력에 놀랄 것이다. 아마 당시의 계산 달인들이 전국의 학교와 수도원에서 새로 나타난 위대한 계산 달인에게 배우려고 모여들 것이다.

I

옛날에는 곱셈과 나눗셈을 특히 어렵고 힘들어했다. "곱하기는 고통이고 나누기는 비탄이다"라고 하기도 했다. 그때엔 오늘날처럼 각각의 상황에 적용할 수 있는 공식이 없었다. 공식이 열 개쯤 있었지만 매우 헷갈려 일반 사람은 외울 수도 없을 정도였다. 선생님은 자신만의 공식이 있었으며 '나누기 석사'(라는 전문가가 있었다)들은 그들만의 계산식을 만들어 자랑했다.

벨류스틴(1865–1925, 러시아의 수학자 · 교육자)은 《어떻게 진정한 수학에 접근할 수 있었나》(1914)에 곱셈 공식 27개를 소개하고는 "세상에는 더 많은 공식이 서고나 필사본 원고 등에 숨겨져 있을 것이다" 라고 덧붙였다.

곱셈 공식은 '체스 또는 오르간' '접기' '부분 또는 간격' '십자가' '격자' '뒷걸음으로 앞으로 나아가기' '다이아몬드' 등의 이상한 이름이었으며, 이런 공식의 이름은 16세기 이탈리아 수학자 니콜로 타르탈리아의 책 《산수》에 나온다. 나눗셈 공식 이름은 더 어렵고 복잡하다. 이러한 공식은 연습문제를 많이 풀어야 익힐 수 있었다. 그리고 곱셈과 나눗셈을 빠르고 정확하게 하기 위해서는 타고난 기질과 뛰어난 능력이 있어야 하며 평범한 사람은 그런 능력이 없다고 생각했다.

이탈리아 속담에 "나누기는 어려운 일이다(dura cosa la partita)" 가 있다. 실제로 당시 사용되던 어려운 공식을 이용한다면 나누기는 어려웠을 것이다. 장난스런 명칭도 있었는데 이 명칭 뒤에는 복잡하고 긴 식을 필요로 할 뿐만 아니라 실생활에서는 거의 쓸모가 없었다.

16세기에 가장 짧은 공식인 '작은 배와 큰 배' 가 있다. 당시 이탈리아 수학자인 니콜로 타르탈리아는 자신이 지은 수학책에 이 공식에 대해

"두 번째 나눗셈 공식을 베니스에서는 '작은 배 또는 큰 배' 라고 했다. 14–16세기 베니스를 비롯한 이탈리아 몇몇 도시국가에서는 해양무역이 활발했기 때문에 무역에 꼭 필요한 계산이 발달했다. 베니스에는 훌륭한 산수 이론서가 많았는데 무역에 사용되던 산수 용어가 오늘날까지 쓰이고 있다. 이것은 모양이 매우 비슷한 여러 방법이 있기 때문이다. 수를 나눌 때의 모양이 어떤 것은 작은 배를 닮았고 어떤 것은 큰 배를 닮았기 때문에 그렇게 부른다. 실제로 이 형

태는 매우 훌륭한 그림이 된다. 큰 배는 모든 장비가 설치된 모습이기도 하다. 숫자 나열은 실제로 배의 선미와 선수 돛대, 돛, 노를 연상시킨다." 라고 하였다.

매우 재미있는 표현이다. 수학이라는 큰 배를 타고 수의 바다에 들어가 보자. 고전적인 수학자가 이 공식을 '현존하는 나눗셈 공식 가운데 가장

그림 8. 작은 배 또는 큰 배

정확하고, 가장 쉽고, 가장 편하며, 가장 많이 사용되는 것' 이라고 추천하더라도 나는 그 공식을 이 책에서 설명하고 싶지 않다. 참을성 있는 독자라도 책을 덮고 말 것이기 때문이다. 하지만 이 공식은 당시에 가장 훌륭한 이론이었음은 이론의 여지가 없다. 러시아에서는 18세기 중반에 이 이론을 도입했다. 레온티 마그니츠키Reonti Magnitski(1669-1739) 러시아의 수학자, 교육자. 18세기 중반까지 러시아 학교에서 교재로 쓴 〈수학〉의 저자—옮긴이는 《수학》에서 공식 여섯 개(어느 것도 현대의 공식과는 전혀 같지 않은)를 제안하는 데 그 중에서도 이 공식을 강력

추천하였다. 그 두꺼운 책(640쪽) 내내 공식의 이름을 밝히지 않은 채 '큰 배' 이론을 사용했다.

다음은 '큰 배' 이론의 한 모습이다. 이것은 타르탈리아의 책에서 뽑아 왔다.

| | 4\|6 | |
|---|---|---|
| 88 | 1\|3 | 08 |
| 0999 | 09 | 199 |
| 1660 | 19 | 0860 |
| 88876 | 0876 | 08877 |

099994800000019948000000199994
166666000000086660000000866666
나누어지는 수 − 888888000000088880000000888888 (88 − 몫)
나누는 수 − 99999000000009990000000999999
99999000000099900000000099

(나누는 수의 마지막 두 숫자 99는 나누기 과정에서 덧붙여진 것이다.)

어려운 수학 공식을 이용해서 나온 답을 조상들은 증명해야 한다고 믿었다. 식이 매우 길어 신뢰도가 아주 낮았기 때문이다. 오늘날 식과 다르게 긴 식에서 가끔씩 길을 잃었기 때문이다. 바로 여기서 오래된 습관인 증명이 나왔다. 이 증명은 훌륭했다. 이를 살펴보는 것도 의미 있으리라 생각된다.

Ⅱ

가장 많이 사용된 증명 공식은 '아홉의 공식'이다. 이 훌륭한 공식은 현대, 특히 외국의 수학 교과서 등에서 자주 사용된다. '아홉의 공식'은

'나머지 법칙' 에 뿌리를 두었다. 식은 다음과 같이 정리할 수 있다.

'나누어지는 수의 각 자리 숫자를 더해서 어떤 수로 나누었을 때의 나머지는 나누어지는 수를 똑같은 수로 나누었을 때의 나머지와 같다.' 마찬가지로 덧셈을 해서 나온 수의 숫자를 더해서 어떤 수로 나누었을 때의 나머지는 각각에 더하는 수의 숫자를 같은 수로 나누었을 때의 나머지 합과 같다. 우리는 어떤 수를 9로 나누었을 때 생기는 나머지가 이 수의 각 자리 숫자의 합을 9로 나누었을 때의 나머지와 같다는 것을 잘 알고 있다. 예를 들어 758을 9로 나누면 나머지는 2이다. 마찬가지로 숫자의 합을 나누면, 즉 (7+5+8)을 9로 나누어도 나머지는 2이다.

위의 특성을 이용해서 아홉의 공식을 통한 증명을 해보자. 다음 계산에서 덧셈이 올바르게 되었는지 증명해보자.

| | | |
|---|---|---|
| | 38,932 ·············· | 7 |
| | 1,096 ·············· | 7 |
| | 4,710,043 ·············· | 1 |
| + | 589,106 ·············· | 2 |
| | 5,339,177 ·············· | 8 |

각 줄에 있는 숫자를 전부 더한다. 더하기할 때 두 자리 이상의 수가 나오면 한자릿수가 나올 때까지 숫자를 다시 더한다. 이렇게 해서 나온 나머지를 각 줄의 오른쪽에 표시했다. 이 나머지를 다시 다 더하면

(7+7+1+2=17; 1+7=8) 이렇게 해서 8이 나온다.

합 5,339,177이 올바르면 이 수의 각 숫자를 더한 값이 8이 되어야 한다.

$5+3+3+9+1+7+7=35;\ 3+5=8$

이 답은 올바른 답이다.

원래 값을 합이라 하고 빼는 수와 몫을 각 항목이라 하면 뺄셈에서도 마찬가지로 증명할 수 있다. 예를 보자.

$$
\begin{array}{lr l}
 & 6913 & \cdots\cdots\cdots\cdots\ 1 \\
- & 2587 & \cdots\cdots\cdots\cdots\ 4 \\
\hline
 & 4326 & \cdots\cdots\cdots\cdots\ 6 \\
 & \multicolumn{2}{l}{4+6=10\ ;\ 1+0=1}
\end{array}
$$

특히 이 증명은 곱셈을 했을 때 유용하다. 그 예는 다음과 같다.

$$
\begin{array}{lr r}
 & 8713 & \cdots\cdots\cdots\cdots 1 \\
\times & 264 & \cdots\cdots\cdots \times\ 3 \\
\hline
 & 34852 & 3 \\
 & 52278\phantom{0} & \\
 & 17426\phantom{00} & \\
\hline
 & 2300232 & \cdots\cdots\cdots\cdots 3
\end{array}
$$

이렇게 증명했을 때 오류가 발생하면 어디에서 오류가 생겼는지 찾기 위해 각 줄의 숫자를 '아홉의 공식' 으로 검사하면 된다. 이렇게 해도 오류가 발견되지 않으면 몫 부분의 더하기가 잘못되었는지 알아보면 된다.

어떻게 이 식으로 나눗셈을 증명할 수 있을까? 나눗셈한 값에 나머지가 없다면 몫과 나누는 수의 곱셈이 나누어지는 수와 같다. 나머지가 있다면 다음과 같은 방법으로 증명할 수 있다.

나누어지는 수=나누는 수× 몫+ 나머지

예를 들어

$$\underbrace{16{,}201{,}387}_{1} \div \underbrace{4457}_{2} = \underbrace{3635}_{8}\ \underbrace{\text{나머지 } 192}_{3}$$

숫자의 합 : 1 2 8 3

$$2\times8+3=19;\ 1+9=10;\ 1+0=1$$

마그니츠키의 《수학》에는 '아홉의 공식' 이 보기 쉽게 나와 있다. 한번 살펴보자.

곱하기는

| | |
|---|---|
| 365 | 5 |
| × 24 | 3 ┼ 3 |
| 1460 | |
| 730 | |
| 8760 | 6 |

곱하기를 해서 나온 값의 숫자를 더한 뒤 9로 나누었을 때 나머지가 3이고 곱하는 두 수의 각각의 숫자의 합을 9로 나누었을 때 5와 6이 나오므로 이 두 수를 곱한 뒤 나온 수의 숫자를 더하고 9로 나누었을 때 나머지가 3이므로 이 계산은 옳다.

나누기는

| | | |
|---|---|---|
| | 몫 | |
| | 8 | |
| 나누어지는 수 | 1 ┼ 1 | |
| 나누는 수 | 2 | |
| | 16 | |
| 나머지 | 3 | |
| 계산된 값 | 1 | |

앞의 나눗셈에서 나누어주는 수의 숫자의 합을 9로 나누었을 때 나머지가 1이고 몫의 숫자를 더해서 9로 나눈 뒤 나온 나머지와 나누는 수의 숫자를 더해서 9로 나눈 뒤 나온 나머지를 곱한 값에 나머지 3을 더한 뒤 9로 나누었을 때 나머지가 1이므로 이 계산은 옳다.

이런 식의 증명은 더 빠르고 편한 방법을 생각하지 않게 했다. 하지만 위의 증명이 완벽하다고 할 수 없다. 실수는 어디에서든 생길 수 있다. 실제로 같은 숫자의 합이 여러 형태로 나오는 경우도 있다. 숫자 배열의 문제뿐만 아니라 숫자 사이에 자리 바꾸기를 해도 실수를 발견하지 못한다. 마찬가지로 필요 없는 9와 0을 발견할 수 없다. 왜냐하면 합에 전혀 영향을 주지 않기 때문이다. 그래서 오늘날에는 이러한 증명은 사용하지 않는다.

선조들도 이러한 오류를 알고 있었기 때문에 9에 의한 증명에 다른 증명을 하나 더 했다. 7에 의한 증명이다. 이것도 나머지 공식에 기반했지만 9의 증명보다 편하지 않다. 왜냐하면 나머지를 구하기 위해 7에 의한 나누기를 정확하게 해야 하기 때문이다.(이 과정에서 또 다른 실수가 나올 수 있다.)

그럼에도 두 번의 증명은 확신을 주었다. 한 곳에서 실수하면 다른 곳에서 찾을 수 있기 때문이다. 단지 $7 \times 9 = 63$에서 생긴 배수만이 오류를 감지하지 못하게 할 수 있다. 실제로 그러한 숫자는 언제든지 가능하기 때문에 결국 두 번의 증명에도 불구하고 완벽한 증명이라고 볼 수 없었다.

하지만 범하기 쉬운 실수인 일의 자리 숫자에서의 1 또는 2 같은 일반적인 오류는 9의 공식에 의해서 쉽게 발견할 수 있었다. 거기에 7의 공식으로 증명한다면 거의 완벽하게 증명할 수 있었다. 그런 때에 두 공식은 아주 유용하였다. 그럼에도 여러분이 두 번의 증명을 하고 싶다면 7보다 11을 가지고 하는 게 더 낫다고 생각한다. 11로 하면 매우 간단하고 쉬워진다. 이 경우 숫자는 오른쪽에서 왼쪽으로 두 개씩 묶어준다. 그래서 맨 왼쪽 숫자는 한자릿수일 수도 있다. 이렇게 해서 합친 숫자를 11로 나누면 나머지는 실험하는 수와 같은 결과가 나온다.

위의 예를 설명해보자. 24,716을 11로 나눈 값의 나머지를 구하고자 한다. 우선 숫자를 묶어서 전부 합친다.

$$2+47+16=65$$

65를 11로 나누면 나머지는 10이다. 24,716을 11로 나누면 나머지가 같다.

내가 11을 제시하는 이유는 9로 나누었을 때와 마찬가지로 나머지 법칙을 적용할 수 있기 때문이다. 이런 식으로 9와 11로 쉽게 증명할 수 있다. 이 경우 오류는 99의 배수가 나올 때 생길 수 있지만 확률은 훨씬 낮다.

## 11. 곱셈은 잘 할까

옛날의 곱셈 공식은 시간이 오래 걸릴 뿐만 아니라 불편했다. 현재 우리가 쓰고 있는 곱셈 공식은 완벽할까? 그렇지 않다. 우리가 쓰는 공식도 완전한 것은 아니다. 더 빠르고 더 정확한 방식을 고안할 수 있을 것이다.

더 좋은 방안 가운데 한 가지를 소개하겠다. 속도를 빠르게 하는 것이 아니라 정확성을 더욱 높이는 방식이다. 곱하기할 때 마지막 숫자에서 시작하는 것이 아니라 첫 숫자에서 시작하는 방식이다. '10. 나누기는 어려워' 에서 했던 8713×264를 다음과 같이 계산하는 것이다.

```
      8713
 ×     264
 ----------
    17426
     52278
      34852
 ----------
    2300232
```

보는 바와 같이 각 몫의 마지막 숫자는 곱하기하는 숫자와 같은 위치에 놓여 있음을 알수 있다.

이 계산 방식의 특징은 몫의 숫자가 가장 중요한 첫 번째 숫자를 쉽게 파악할 수 있다는 것, 즉 집중력이 남아 있는 동안 행해서 실수가 적다(게다가 우리가 이곳에 장황하게 늘어놓을 수 없지만 일련의 약식 곱셈을 더 쉽게 할 수 있게 한다).

## 12. 러시아식 곱셈

여러분은 구구단을 외우지 않으면 두 자릿수 이상의 곱셈을 전혀 하지 못할 것이다. 마그니츠키는 《수학》에서 구구단을 다음과 같은 시를 빌어 설명했다.

구구단을 외우지 못하면
곱셈을 전혀 할 수 없다.
모든 학문의 고통에서 자유로울 수 없다.
열심히 외우지 않으면 바보가 된다.
자기의 이익이 뭔지도 모르고
안다고 해도 바로 잊어버릴 것이다.

이 시의 작가는 구구단을 모르더라도 다른 방식으로 계산할 수 있음을 전혀 몰랐던 것 같다. 이 방법은 고대부터 농부들에게 전해졌는데 학교에서도 이를 가르치고 있다.

임의의 두 수를 곱하기할 때 한 수는 반으로 다른 한 수는 두 배로 하면 같다는 것이 그 계산법의 핵심이다. 다음의 예를 보자.

32×13

16×26

8×52

4×104

2×208

1×416

이런 식으로 반으로 줄이는 수가 1이 될 때까지 줄이면서 다른 수를 계속 두 배로 만든다. 그렇게 해서 마지막으로 두 배로 만든 수가 이 곱셈의 결과가 된다. 어떻게 이렇게 되는지 어렵지 않게 알 수 있다. 즉 한 쪽을 반으로 만들고 다른 쪽을 두 배로 만들면 곱셈에서는 합이 전혀 변하지 않음을 이용했다. 그 때문에 계속해서 나누기와 곱하기를 하면 답이 나옴을 알 수 있다.

그러면 반으로 나누어야 할 왼쪽의 수가 홀수인 때에는 어떻게 해야 할까? 슬기로운 민중은 아주 쉽게 해결했다. 즉 홀수일 때엔 1을 뺀 나머지를 반으로 만들었다. 이 경우에는 오른쪽에 나열된 수에서 홀수 옆에 놓인 모든 수를 더해야 한다. 그래야 답이 나온다. 결과적으로 왼쪽의 수가 짝수인 오른쪽 수는 전부 지우고, 남는 왼쪽이 홀수인 수를 모두 더하면 된다.

예를 살펴보자. (별표 부분은 지워야 한다)

$19 \times 17$

$9 \times 34$

$4 \times 68$*

$2 \times 136$*

$1 \times 272$

지우지 않은 수를 더하면 정확한 답이 나온다 : $17+34+272=323$.

어떻게 이런 식으로 답이 나올까? 아래를 자세히 살펴보면 쉽게 이해될 것이다.

$19 \times 17=(18+1) \times 17=18 \times 17+17$,

$9 \times 34=(8+1) \times 34=8 \times 34+34$

즉 17, 34 등의 수는 홀수의 수를 반으로 나누면서 사라진다. 그렇기 때문에 올바른 답을 구하기 위해서는 이 수들을 마지막에 더해야만 한다.

## 13. 피라미드의 나라에서

앞으로 설명하는 방식은 고대 이집트에서 전해내려 왔다. 우리는 피라미드의 나라에서 수학 공식이 어떻게 만들어졌는지 잘 알지 못한다. 하지만 고대 이집트의 한 학생이 수학 문제 연습을 했던 귀중한 파피루스가 보존되어 있다. 이 파피루스를 '린드 파피루스' 영국의 고고학자 헨리 린드가 발견했고 런던의 대영박물관에 보관되어 있다. 금속상자에서 안에 있었고 폭 30센티미터 길이 20미터이다.라고 하는데 기원전

2000－1700년에 아메스라는 사람이 필사한 것이다. 서기서기는 세 번째 계급으로 사원 건축과 영지에 관련된 업무를 보았다. 수학, 천문학, 지리학에 관한 지식이 풍부했다.인 아메스는 고대 '학습 노트' 를 발견하고 미래의 토지 측량을 위한 산술적 연습문제를 정성 들여 필사했다.(학생의 실수와 선생님의 정정도 적혀 있다.) 거기에는 다음과 같은 내용의 장중한 제목을 붙였다.

"전혀 모르는 것, 비밀 속에 감추어진 것, 숨겨진 것을 어떻게 알아낼 수 있는지에 대한 교시이다. 삶을 주시는 상하 이집트의 왕 라아우세 통치기에 고대 아엔마트 황제 때의 형식으로 서기 아메스가 작성하다."

40세기 전쯤에, 어쩌면 더 오래되었을 법한 이 흥미 있는 서류에서 현대인이 사용하는 다음과 같은 곱셈 공식 네 가지를 발견할 수 있다.(숫자 앞의 '.' 는 곱하는 수의 개수를, '+' 는 더하는 수를 나타낸다.)

| (8×8) | (9×9) | |
|---|---|---|
| .8 | .9 | + |
| ..16 | ..18 | |
| ....32 | ....36 | |
| ::::64 | ::::72 | + |
| | 합 81 | |

| (8×365) | (7×2801) | |
|---|---|---|
| .365 | .2801 | + |
| ..730 | ..5602 | + |
| ....1460 | | |
| ::::2920 | ::::11204 | + |
| | 합 19607 | |

그림 9. 고대 이집트의 파피루스에는 그들이 사용한 수학공식이 나와 있다.

위에서 살펴본 것처럼 고대 이집트인은 현재 러시아 시골에서 사용하는 곱셈 방식을 썼다는 것을 알 수 있다. 만약 파라오의 백성에게 19×17 문제를 내었다면 다음과 같이 계산했을 것이다.

| | |
|---|---|
| 1 | 17 + |
| 2 | 34 + |
| 4 | 68 |
| 8 | 136 |
| 16 | 272 + |

계속해서 17을 두 배 하는 줄을 만들고, '+'로 표시된 수를 합친다. 즉 17+34+272. 이것을 풀어서 써주면 다음과 같고 그 답은 정확하다.

$$17+(2\times 17)+(16\times 17)=19\times 17$$

이 계산법은 러시아 시골 농부들이 계산하는 방법과 비슷하다. 하지만 이집트인이 현대의 러시아 시골 농부에게 이런 곱셈 공식을 전해주었다고 믿기 어렵다. 영국 학자들은 러시아 농부의 계산법을 '러시아 농부 방식' 이라고 한다. 그리고 독일의 시골에서도 사용되지만 그곳에서도 '러시아식' 이라고 한다.

여기서 일반 민중의 수학을 자세히 알아보자. 옛날부터 현재까지 일반 민중이 사용했던 계산 방식, 측량 방식 등을 모으고 정리하는 것도 가치 있을 것이다. 러시아의 수학사학자 보브이닌은 오래 전부터 민중의 수학에 관한 자료를 모아 다음처럼 정리했다.

1) 숫자 세기와 계산
2) 길이와 무게의 단위
3) 기하학적 정리와 건축, 디자인에서의 표현
4) 토지 측량 방법
5) 민중 수수께끼
6) 속담, 수학적 지식이 요구되는 수수께끼
7) 필사본, 박물관 등의 고대 민중의 수학적 표기, 분묘 발굴 때 또는 무덤 고도 유적지 등에서 나온 수학적 표시

장을 끝내면서 수학 부호가 언제, 누가 처음 썼는지 정리해보자.

| | |
|---|---|
| +, − | 레오나르도 다빈치(1452-1519) |
| × | 윌리엄 오트레드(1631) |
| ·, : | 라이프니츠(1646-1716) |

a/b 피보나치(1202)

$a^n$ 니콜라스 슈케(1484)

＝ 로버트 레코드(1557)

〉,〈 토머스 해리엇(1631)

( ), [ ] 지라르(1629)

수의 민족성

# 민족마다 다른 수식 기호와 수 읽는 법

대부분의 국가는 같은 모양의 수식 기호를 쓰고 있다. 하지만 이것이 꼭 모든 국가가 똑같은 기호를 쓰고 있음을 의미하는 것은 아니다.

기호 '+' '−' '×' '÷ 또는 :'는 독일, 프랑스, 영국에서 똑같은 의미로 사용한다. 하지만 특히 곱셈표는 많은 나라가 다르게 표시하고 있다. 어떤 나라는 7.8이라고 쓰지만 다른 나라는 점을 두 수의 가운데에 두어 7·8로 표시한다. 소수점 아래의 숫자를 표시하는 방법도 여러 가지가 있다. 한국은 4.5라고 쓰지만 러시아는 4,5라고 쓰고, 또 다른 나라는 점을 수의 가운데에 두어 4·5라고 쓰기도 한다. 영국인과 미국인은 소수점 위의 수가 영일 때 아예 표시하지 않는 경우도 있다. 미국인 책에서. 72,5 또는

·725 또는 ,725를 자주 볼 수 있다. 이것은 0.725와 같은 뜻이다.

수를 구별하는 방법도 전 세계가 똑같지 않다. 어떤 나라는 점을 찍어 수를 표시한다(15.000.000). 또 어떤 나라는 콤마를 찍어 수를 표시한다(15,000,000). 러시아는 점도 콤마도 찍지 않고 단지 사이를 두어 수를 표시한다(15 000 000).

한 가지 수를 한 나라의 언어에서 다른 나라 언어로 옮기면서 어떻게 읽

는가를 보는 것도 매우 재미있다. 예를 들어 수 18을 한국에서는 '십팔'이라고 읽는다. 즉 처음에 십을 다음에 팔을 읽는다. 프랑스인은 한국과 마찬가지 순서로 읽는다. 10-8(dix-huit). 하지만 러시아 사람은 처음에 팔을 다음에 십을 읽는다(восемьнадцать). 러시아인과 같은 방식으로 독일인도 먼저 8을 다음에 10을 읽는다.(achtzehn)

18이라는 수를 민족마다 어떻게 읽는지 다음의 표를 보면 쉽게 이해할 수 있다.

| | |
|---|---|
| 한국어 | 10 — 8 |
| 러시아어 | 8 — 10 |
| 독일어 | 8 — 10 |
| 프랑스어 | 10 — 8 |
| 아르메니아어 | 10+8 |
| 그리스어 | 8+10 |
| 라틴어 | 2 없는 20 |
| 뉴질랜드어 | 11+7 |
| 발리어 | 3+5 — 10 |
| 리투아니아어 | 10 위의 8 |
| 아이누어 | 10 위의 10 - 2 |
| 코랴크어 | 3 — 10 위의 5 |

코랴크: 러시아 시베리아 북동부에 있는 자치구-옮긴이

그림 10. 다른 발의 3

그린랜드의 한 민족이 읽는 방법이 수 18을 읽는 방법 가운데 가장 재미있을 것이다. 그들은 18을 '다른 발의 3' 이라고 읽는다. 이 숫자 읽는 방법은 손가락과 발가락으로 세는 방법이다.

| | |
|---|---|
| 두 손의 손가락 수 | 10 |
| 한 발의 발가락 수 | 5 |
| 다른 발의 발가락 수 | 3 |
| | 합 18 |

비슷한 방법으로 카리브족의 숫자 18을 읽는 방법이 있다. 그들은 '모든 나의 손과 3 그리고 한 손(10+3+5)' 이라고 읽는다.

# 02

# 주산의 원리와 기수법

⚜

지금은 흔히 쓰이지 않고 있는 주판은 30년 전에만 해도 대한민국에서 그 교육의 열풍이 대단했습니다. 지금 영어, 수학 학원이 동네마다 있듯이 그때는 주산학원이 동네마다 있었지요. 하지만 어느날 갑자기 주산학원은 없어져 버렸습니다. 컴퓨터의 발달 때문이지요.

컴퓨터라는 것이 여러분들을 아주 편하게 만들었지만 이제 계산의 원리를 전혀 알 수 없게 만들었습니다. 숫자만 누르면 계산이 되니 왜 그런 답이 나왔는지는 이제 중요하지 않게 되었습니다. '계산 원리는 컴퓨터 프로그래머만 알면 되는 것 아닌가요?' 하고 물어볼지도 모르겠습니다.

하지만 계산의 원리를 알게 되면 많은 문제들이 쉽게 풀립니다.

주산은 바로 이런 계산의 원리를 알려주는 아주 훌륭한 선생님인 것이죠. 그리고 그것은 기수법이라는 것이 어떤 것인지 아주 정확하게 알려줍니다.

여러분들은 이 장에서 계산의 원리와 기수법에 대해서 자세히 알게 될 것입니다.

## 1. 체호프의 문제

러시아의 유명한 희곡 작가이자 단편소설가 안톤 체호프의 단편소설 가운데 〈가정교사〉가 있다. 이 작품 속에는 7학년생인 지베로프를 당황하게 만든 다음과 같은 수학 문제가 있다.

한 상인이 검은색과 파란색 양복 원단을 합쳐서 138아르신(옛 러시아의 척도. 1아르신=71.12$cm$)을 540루블 주고 샀다. 파란색 원단이 1아르신에 5루블이고 검은색 원단이 3루블이라면 상인은 검은색과 파란색 원단을 각각 얼마나 샀을까?

체호프는 7학년생인 가정교사와 제자인 12살짜리 페짜가 그 문제를 풀기 위해 애쓰는 모습을 익살스럽게 그렸다. 나중에는 페짜의 아버지 우도도프가 그들을 도와주었다.

페짜는 문제를 반복해서 읽더니 한마디 말도 없이 540을 138로 나누기 시작했다.

"왜 그걸 그거로 나누는 거지? 가만 있어봐! 그래…… 계속해봐. 나머지가 있네? 절대로 나머지가 있어서는 안되는데. 내가 풀어볼게."

지베로프(가정교사)가 나누어보니 나머지가 3이 나와 쓴 것을 재빨리 지웠다.

'이상하네…… 어떻게 문제를 풀어야 하는 거지? 음…… 이 문제는 잘못된 거야. 아니 어쩌면 산수 문제가 아닐지도 모르지.'

얼굴이 붉어진 지베로프가 머리를 긁적이며 생각했다.

가정교사는 슬쩍 답을 보았다. 그랬더니 거기에는 75와 63이라고 써 있었다.

'음…… 이상하네…… 5와 3을 곱하고 540을 8로 나누어야 하나? 맞나? 아니네!'

"풀어봐."

지베로프는 페짜에게 말했다.

"뭘 그렇게 생각해? 쉬운 문제잖아."

우도도프가 페짜에게 말했다.

"이 바보 같은 녀석. 선생님께서 좀 풀어주세요."

가정교사는 분필을 집어 들고 문제를 풀기 시작했다. 그는 딸꾹질을 하더니 얼굴이 붉어지고 다시 하얗게 되었다.

"이 문제는 정확하게 말해서 대수학 문제인데 $x$와 $y$를 대입해서 풀어야 해요. 그러니까 이렇게 풀어야죠. 자 이렇게 나누었을 때…… 이해하

그림 1. 이 문제는 정확하게 말해서 대수학 문제인데

겠어? 아니면 이렇게. 내일까지 이 문제를 풀어봐 …… 생각을 해봐."

페짜는 음흉한 미소를 띠었다. 우도도프도 미소를 지었다. 둘 다 선생이 문제를 풀지 못한다는 것을 눈치챘다. 7학년생은 더욱 당황했다. 벌떡 일어서서 이리저리 왔다갔다했다.

"수학 같은 것 없어도 이런 문제를 풀 수 있어요."

손을 주판으로 뻗으면서 우도도프가 말했다.

"여기를 보세요……"

주판알을 튕기기 시작하자마자 정확하게 75와 63을 알아맞혔다.

"자…… 이건 우리 식이죠…… 못 배운 사람들 식이오."

이 이야기는 당황한 가정교사를 보며 미소를 짓게 하면서 새로운 문제 세 개를 제시한다.

그림 2. 수학 같은 것 없어도 이런 문제를 풀 수 있어요

I. 가정교사는 어떤 방법으로 풀려고 했을까?

II. 페짜는 어떻게 풀었어야 했을까?

III. 페짜의 아버지는 못 배운 사람 식으로 어떻게 풀었을까?

### 풀 이

I, II번은 교과서에서 본 것이다. 하지만 3번은 그렇게 간단한 게 아니다. 순서대로 살펴보자.

I. 7학년생인 가정교사는 '$x$, $y$'를 이용해서 풀 생각을 하였다. 그는 '대수학 문제'임을 알고 있었다. 그리고 방정식을 이용해서 쉽게 해결할 수 있을까를 생각해야 했다. 이 문제를 가지고 등식 두 개를 만드는 것은 어렵지 않다.

$$x+y=138,\ 5x+3y=540$$

$x$는 파란색 원단, $y$는 검은색 원단의 양이다.

II. 문제는 산술적으로 간단하게 풀 수 있다. 여러분은 양복 원단을 모두 파란색이라고 가정한다. 그러면 138아르신의 양복 원단에 대해 $5\times 138=690$ 해서 690루블을 내야 한다. 이것은 $690-540=150$, 즉 150루블을 더 내야 한다. 차액 150루블은 1아르신에 3루블씩 하는 검은색 원단이 포함되었음을 나타낸다. 즉 1아르신에 2루블씩 150루블만큼 검은색 원단을 샀다. 그러니까 150루블을 2로 나누면 검은색 원단의 양이 나온다. 즉 75아르신이다. 전체 138아르신에서 75아르신을 뺀 63아르신이 푸른색 원단의 양이 된다. 페짜는 이렇게 풀었어야 한다.

III 세 번째 질문, 즉 페짜의 아버지는 못 배운 사람 식으로 어떻게 풀었을까? 소설에서 아주 간단하게 묘사하고 있다. "그는 주판알을 튕기기 시작하자마자 정확하게 75와 63을 알아맞혔다." 주판알을 튕기자마자 답을 구했다는 것은 어떤 의미일까? 어떻게 주판으로 간단하게 풀었을까? 이 문제를 주판으로 푸는 방법은 종이에 숫자를 써가면서 푸는 방법과 비슷하다. 아니 좀더 쉬운 방법이다. 주산을 할 줄 안다면 매우 쉽다. 전직 지사 비서였던 우도도프가 주산을 할 줄 안다는 것은 당연하다. 그 때문에 7학년생 가정교사가 '$x, y$'를 대입해서 푸는 것보다 더 빨리 풀 수 있었다. 페짜의 아버지가 주판알을 어떻게 움직였는지 살펴보자.

우선 138에 5를 곱했다. 이를 계산하기 위해 138에 10을 곱했다. 즉 주판알의 자릿수를 한 자리 올린 다음 반으로 나눈다. 나누기는 아래부터 시작된다. 즉 놓인 주판알의 반을 빼면 나누기는 끝난다. 한 줄의 주판알이 홀수였다면 어려웠을 것이다. 그런 때에는 한 자리를 더 낮추어 10으로 계산하면 된다.

1380을 반으로 나누는 방법은 다음과 같다. 주판알로 8이 놓인 곳은 반인 4를 내린 뒤 앞의 숫자가 3, 곧 홀수이니까 3중의 1을 10으로 간주해서 10의 반을 내리면 5가 된다. 이 5를 4와 합치면 9가 된다. 마찬가지로 첫 자리의 숫자의 1도 반으로 나누고 3중의 남은 2의 반을 내리면 5+1=6이 된다. 그래서 690이 나온다. 이것은 손가락을 몇 번 움직이면 간단하게 할 수 있다.

그 다음 우도도프는 690에서 540을 빼야 했다. 이것을 어떻게 하는지 여러분도 알 것이다.

마지막으로 차액인 150을 2로 나누어야 한다. 검은색 원단과 파란색 원단의 가격차가 2이기 때문이다. 이것도 마찬가지로 5가 홀수이니 5 중의 1을 아래 단으로 내려 10으로 계산한 다음에 그 반인 5를 빼면 한자릿수가 완성된다. 그리고 앞의 14를 반으로 나누면 7이 되고 답 75가 나온다.

설명은 길었지만 실제 주판으로 하면 매우 간단하다.

## 2. 주판

우리는 주위에 있는 물건의 가치를 제대로 인정하지 않는 경우가 많다. 주판은 계산기와 컴퓨터가 나오기 전에는 가장 쓸모 있는 계산 도구였다. 주판은 아주 오래 전부터 사용되었다.

고대 이집트인, 그리스인, 로마인은 아바쿠스(abacus)라는 주판을 사용해서 계산하였다. 아바쿠스는 줄이 그려진 책상으로, 그 위에 있는 특별한 바둑알을 오늘날의 주판알처럼 움직여 계산하였다. 이것이 바로 그리스 시대의 주판이었다. 로마시대의 주판은 홈을 판 구리 판에 단추를 올려놓고 단추를 움직여 계산했다.

페루에는 아바쿠스와 비슷한 퀴푸(quipu)가 있다. 이것은 가죽 끈이나 노끈으로 매듭을 지어 계산했다. 이 퀴푸는 남아메리카 원주민 사이에서 매우 폭넓게 이용되었다. 물론 유럽에서도 사용했다.

위와 같은 주판은 16세기까지 유럽에서 많이 사용되었지만 지금은 원형이 많이 변했다. 러시아, 중국, 일본, 한국에서는 아직도 주판을 쓰긴 하

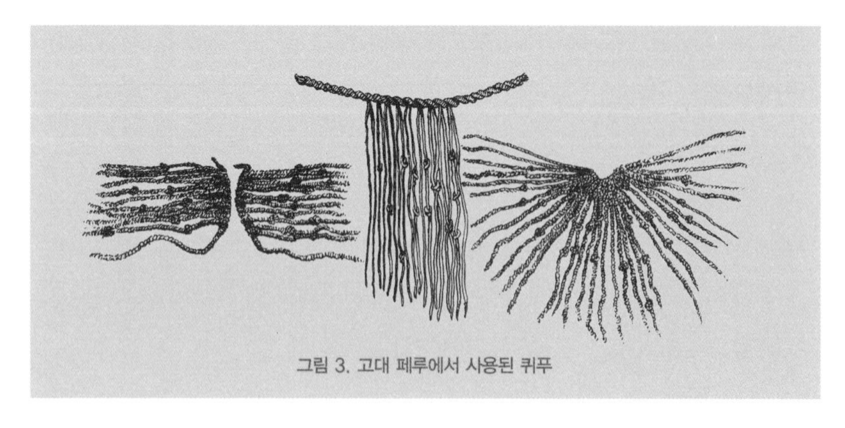

그림 3. 고대 페루에서 사용된 퀴푸

지만 계산기와 컴퓨터에 밀려 거의 사용하지 않는다.

유럽 사람들은 주판이 무엇인지 대부분 모른다. 유럽 어디에서도 주판을 볼 수 없다. 다만 초등학교 교실에 걸린 커다란 주판을 볼 수 있다. 오늘날 일본이나 한국도 마찬가지다. 20세기 초반 일본의 한 학자는 "주판이 오래된 유물 같지만 이만큼 쉽고 간단하게 계산할 수 있는 것은 어디에도 없고 가격도 매우 싸다."라고 하였다. 이렇듯 주판은 수학에서 아주 중요한 역할을 하였다.

사실 계산기는 백여 년 전부터 존재했지만 일상 생활에서 주판으로 하는 계산을 따라가지 못하는 경우도 많았다. 사람들은 주산의 놀라운 능력에 경의를 표하기도 했다.

20세기 초에 러시아의 한 상인이 주판을 팔았다. 그때 유럽에서는 초기 단계의 계산기를 만들어 사용하고 있었는데, 한 사람이 계산기를 팔기 위

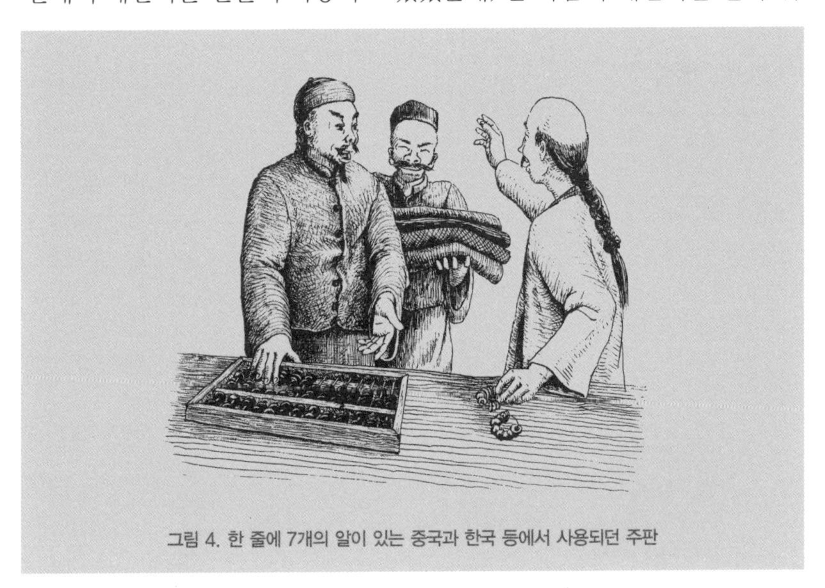

그림 4. 한 줄에 7개의 알이 있는 중국과 한국 등에서 사용되던 주판

해서 러시아에 왔다. 러시아 상인이 계산기와 주판의 계산 시합을 벌였는데 주판이 이겼다. 주산은 신속성과 정확성에서 계산기를 앞질렀다. 결국 이 유럽 사람은 주판이 계산기보다도 계산을 빨리 할 수 있음을 확인하고는 계산기를 팔 생각을 접었다고 한다.

"싸구려 주판으로 이렇게 빨리 계산하는 데 당신들한테 비싼 계산기가 필요하겠습니까?" 라고 외국계 회사의 러시아 지사장들이 이야기했다.

물론 계산기가 할 수 있는 계산을 주판으로 모두 할 수 있는 것은 아니다. 현대의 계산기나 컴퓨터에 비하면 주판은 매우 뒤처진 물건임에 틀림없다. 하지만 간단한 더하기나 빼기, 곱하기, 나누기에서 주판이 더 정확하고 빠른 경우도 있다. 게다가 주산은 사람의 두뇌 활동을 활성화하는 장점이 있다.

## 3. 주판으로 곱셈하기

다음의 예를 이용하면 일상생활에서 접하는 곱하기 문제를 아주 간단하고 빠르게 처리할 수 있다.

2와 3을 곱하는 수는 더하기 두 번과 세 번으로 할 수 있다.

4를 곱할 때에는 2를 곱할 때처럼 더하고, 똑같은 방법으로 한 번 더 더한다.

5를 곱할 때에는 모든 숫자를 한 칸 위에 놓아준다. 즉 10을 곱하는 것과 마찬가지이다. 그리고 이 10배 한 수를 둘로 나눈다. (둘로 나누는 것은 이미 설명했다.)

6을 곱할 때에는 5를 곱하는 방법으로 한 다음에 곱하는 수를 한 번 더 한다.

7을 곱할 때에는 10을 곱한 다음에 곱하는 수를 세 번 뺀다.

8을 곱할 때에는 10을 곱한 다음에 곱하는 수를 두 번 뺀다.

9를 곱할 때에는 10을 곱한 다음에 곱하는 수를 한 번 뺀다.

10을 곱할 때에는 한 칸을 위로 옮기면 됨을 이미 설명했다.

여러분은 '10 이상인 수는 어떻게 곱할까?'를 어느 정도 추측할 수 있을 것이다. 수를 분리하면 아주 쉽게 계산할 수 있다. 11을 곱할 때에는 11을 $10+1$로 바꾸어 계산하면 된다. 12를 곱할 때에는 $10+2$ 또는 $2+10$으로 바꾸면 된다. 즉 2를 곱한 다음에 10을 곱해도 답은 같다. 13을 곱할 때에도 $10+3$으로 바꾸어 계산하면 된다. 100 미만의 수를 곱할 때 수를 분리하는 예를 살펴보자.

| | |
|---|---|
| $20=10\times 2$, | $32=22+10$ |
| $22=11\times 2$, | $42=22+20$ |
| $25=(100\div 2)\div 2$ | $43=33+10$ |
| $26=25+1$, | $45=50-5$ |
| $27=30-3$ | $63=33+30$ 등 |

위에서 보듯이 주판에서는 22, 33, 44, 55 같은 숫자를 놓기가 매우 쉽기 때문에 수를 분리할 때 그런 수가 나오도록 만든다. 마찬가지로 100 이상의 수도 계산하면 된다. 이 방법이 귀찮다면 주산의 일반 계산 방식으로 각각의 자릿수를 곱한 다음 각각의 값을 메모한 뒤 모두 더해도 된다.

## 4. 주판으로 나눗셈하기

주산의 나눗셈은 곱하기보다 어렵다. 나누기는 계산 방식을 기억해야 하기 때문이다. 여기에서는 예를 들어 10 이하의 수로 나누기를 해보겠다 (7로 나누기는 복잡하므로 7은 제외한다).

2로 나누는 방법은 '1. 체호프의 문제' 에서 보았듯이 간단하다.

3으로 나누기는 매우 복잡하다. 3을 대체할 수 있는 수는 0.333……으로 무한소수이기 때문이다.($0.3333 = \frac{1}{3}$) 우리는 3을 곱하는 방법을 알고 있다. 즉 10배로 줄이는 것도 어렵지 않다. 즉 주판알의 줄을 한 칸 아래로 내리면 된다. 3으로 나누는 수는 매우 긴 수가 되지만 연습에는 매우 유용하다.

4로 나누는 것은 2로 나누기 두 번으로 바꾸면 된다.

더 쉬운 것은 5로 나누기다. 처음에 10으로 나누고 그것을 두 배 하면 된다.

6으로 나누기는 두 단계로 되어 있다. 2로 나누어 나온 값을 다시 3으로 나누면 된다.

7로 나누기는 매우 복잡하여 건너뛰겠다.

8로 나누기는 세 단계이다. 먼저 2로 나누어 나온 값을 다시 2로 나누고 그 값을 다시 2로 나누면 된다.

9로 나누기는 매우 재미있다. $\frac{1}{9} = 0.1111\cdots\cdots$ 임에 근거를 두면 9로 나누기는 나누려는 값의 0.1을, 그 다음에 0.01을 더하는 식으로 계속 더해 나가면 된다.

이 가운데 2, 10, 5로 나누는 게 간단하고, 그 배수인 4, 8, 16, 20, 25, 40, 50, 75, 80, 100로 나누는 것도 간단하게 계산할 수 있다. 위와 같이 한다면 초보자도 주판으로 계산하는 데 어려움이 없을 것이다.

## 5. 수수께끼 같은 이력서

한 괴짜 수학자의 문서에 다음과 같은 놀라운 이력서가 있었다.

"난 태어난 지 44년 만에 대학을 졸업했다. 1년이 지난 뒤 100살의 젊은이는 34살의 아가씨와 결혼했다. 그렇게 크지 않은 나이 차이(겨우 11살 차이)가 생긴 이유는 관심과 추구하는 것이 같았기 때문이다. 몇 년이 지나 우리 가족은 아이가 10명인 작은 가족이 되었다. 내 월급은 200루블인데 $\frac{1}{10}$은 여동생에게 주어야 했다. 결국 우리는 아이들과 함께 130루블로 한 달을 살아야 했다."

도대체 말도 안 되는 이력서를 어떻게 이해해야 할까? 이를 해석하기 위해서는 '십진법이 아닌 기수법'이라는 제목에서 힌트를 얻어야 한다. 그것만이 유일한 단서이다. 문장 속에서 힌트는 '(44살이 된 다음)1년이 지난 뒤 100살의 젊은이는……'에서 찾을 수 있다. 44에 어떤 숫자를 더했을 때 100이 됨은 이 기수법에서 4가 가장 큰 수라는 뜻이다(9가 10진법에서 가장 크듯이). 그러면 이 기수법은 5진법임을 알 수 있다.

괴짜 수학자는 이력서를 5진법에 따라 썼다. 그 때문에 단위는 10이 아니라 5가 되었다. 첫 번째의 맨 오른쪽 숫자는 일반적인 기수법에 따라 읽고 이해하면 된다. 단 4 이하의 숫자만 올 수 있다. 두 번째 수의 단위는

그림 5. 수수께끼 같은 이력서

10이 아니라 5이다. 세 번째는 100이 아니라 25이다. 결국 '44' 라고 쓴 이력서의 내용은 10진법에 따른 $4\times10+4$가 아니라 $4\times5+4$, 즉 24를 의미한다. 마찬가지로 이력서의 수 '100' 에서 오른쪽에서 세 번째에 있는 1은 5진법에서 25를 의미한다.

그 밖의 다른 수는 다음과 같다.

$$\langle 34\rangle=3\times5+4=19$$

$$\langle 11\rangle=5+1=6$$

$$\langle 200\rangle=2\times25=50$$

$$\langle 10\rangle=5$$

$$\langle \frac{1}{10}\rangle=\frac{1}{5}$$

$$\langle 130\rangle=25+3\times5=40$$

다음과 같이 고쳐놓고 보면 어떠한 모순도 없는 것을 알게 된다.

'난 태어난 지 24년 만에 대학을 졸업하였다. 1년 뒤 25살의 젊은이는 19살의 아가씨와 결혼했다. 그렇게 많지 않은 나이 차이(겨우 6살 차이)가 생긴 이유는 관심과 추구하는 것이 같았기 때문이다. 몇 년 뒤 우리 가족은 5명의 아이가 있는 작은 가족이 되었다. 내 월급은 50루블이며, 그 가운데 은 여동생에게 주어야 했다. 결국 우리는 아이들과 함께 40루블로 한 달을 살아야 했다.'

다른 기수법으로 표현하는 것이 어려운가? 전혀 그렇지 않다. 예를 들어 119를 5진법으로 써보자. 우선 119를 5로 나누면 맨 오른쪽 자리 숫자를 알 수 있다.

$$119 \div 5 = 23,\ \text{나머지}\ 4$$

즉 오른쪽에서 첫 번째 숫자는 4이다. 그리고 5진법에서 4가 가장 큰 수이기 때문에 23을 두 번째 칸에 바로 쓸 수 없다. 즉 4를 넘는 숫자가 있어서는 안 된다. 그래서 23을 다시 5로 나눈다.

$$23 \div 5 = 4,\ \text{나머지}\ 3$$

이는 두 번째 칸의 숫자는 3이라는 것을 의미한다. 세 번째 칸은 4가 된다. 그래서 $119 = 4 \times 25 + 3 \times 5 + 4$ 또는 5진법의 〈434〉가 된다. 이렇게 이루어진 공식을 쉽게 하는 방법은 다음과 같다.

| 119 | 5 | |
|---|---|---|
| **4** | 23 | 5 |
| | **3** | **4** |

굵은 숫자를 오른쪽에서 왼쪽으로 쓰면 다른 기수법(5진법)으로 쓴 〈434〉가 된다.

예를 더 들어보자.

I. 47을 3진법으로 써보자.

II. 200을 7진법으로 써보자.

III. 163을 12진법으로 써보자.

**풀 이**

I.

| 47 | 3 | | |
|---|---|---|---|
| 2 | 15 | 3 | |
| | 0 | 5 | 3 |
| | | 2 | 1 |

답은 〈1202〉이다. 검산하면, $1\times27+2\times9+0\times3+2=47$.

II.

| 200 | 7 | |
|---|---|---|
| 4 | 28 | 7 |
| | 0 | 4 |

답은 〈404〉이다. 검산하면, $4\times49+0\times7+4=200$.

III.

| 163 | 12 | |
|---|---|---|
| 7 | 13 | 12 |
| | 1 | 1 |

답은 〈117〉이다. 검산하면, $1\times144+1\times12+7=163$.

이제 어떤 기수법으로도 숫자를 표시하는 데 어려움을 느끼지 않을 것이다. 유일한 어려움은 숫자를 표시하는 데 어떻게 표시해야 할지 어려운 경우가 있다는 것이다. 실제로 10진법 이상의 숫자를 쓸 경우(예를 들어 12진법) 숫자 '십' '십일'을 의미하는 숫자가 있어야 한다. 이럴 때 숫자 대신 알파벳(예를 들어 K, L )을 쓰면 어려움에서 쉽게 벗어날 수 있다.

IV. 1579를 12진법으로 나타내어라

V. 1926을 12진법으로 나타내보라.

VI. 273을 20진법으로 나타내보라.

**풀 이**

IV.

```
 1579 | 12
 12     ----------
 ----   131 | 12
  37    ----------
   19   11    10
 ----
    7
```

답은 〈(10)(11)7〉 또는 〈KL7〉이다.

검산하면 $10 \times 144 + 11 \times 12 + 7 = 1579$.

V.

답은 〈1146〉이다.

VI.

답은 〈NN〉(N을 13이라고 하면)이다.

## 6. 평범하지 않은 수학

우리는 계산에 너무나 익숙해져서 어떻게 하는지 생각하지 않고 계산을 하는 경우가 있다. 하지만 10진법으로 표현되지 않은 수를 계산할 때에는 생각을 많이 해야 한다. 5진법으로 쓴 다음 식을 계산해보자.

　　〈4203〉
＋　〈2132〉 (5진법)

오른쪽부터 계산해보자. 3＋2＝5이다. 하지만 5를 쓸 수 없다. 5진법에는 5가 존재하지 않기 때문에 5는 한 칸 위로 올라가야 한다. 그러므로 오른쪽에서 첫 번째 자리에는 아무것도 없다. 즉 0이다. 5는 위의 칸으로 올라갔음을 기억해야 한다. 그 다음 0＋3＝3에 기억하고 있는 하나를 더하면 오른쪽에서 두 번째 자리는 4이다. 세 번째 자리는 2＋1＝3이다. 네 번째 자리는 4＋2＝6이다. 즉 5＋1이다. 그래서 1은 쓰고 5는 한 자리 위로 올라간다. 맨 왼쪽에 1을 쓰면 〈11,340〉이 된다.

　　〈4203〉
＋　〈2132〉 (5진법)
　〈11340〉

이 5진법 수를 10진법으로 고쳐 검산해보기 바란다.

다른 문제도 풀어보자.

5진법

| A | B | C |
|---|---|---|
| 〈2143〉 | 〈213〉 | 〈42〉 |
| －〈334〉 | ×〈3〉 | ×〈31〉 |

3진법

| D | E | F & G |
|---|---|---|
| 〈212〉 | 〈122〉 | 〈220〉÷〈 2〉 |
| 〈120〉 | × 〈20〉 | 〈201〉÷〈12〉 |
| + 〈201〉 | | |

위 문제를 풀 때 처음에는 머릿속에서 익숙한 10진법으로 바꾸어 준다. 그렇게 해서 계산을 한 뒤 다시 필요한 기수법으로 바꾸어 주면 계산이 조금 더 쉽다. 다른 방법이 있는데 그것은 '덧셈표' 와 '곱셈표' 를 사용하는 것이다. 필요한 계산법에 따라 표시한 표를 사용하면 된다. 5진법의 예를 보자.

5진법의 덧셈표

| 0 | 1 | 2 | 3 | 4 |
|---|---|---|---|---|
| 1 | 2 | 3 | 4 | 10 |
| 2 | 3 | 4 | 10 | 11 |
| 3 | 4 | 10 | 11 | 12 |
| 4 | 10 | 11 | 12 | 13 |

위의 덧셈표를 이용해서 〈4203〉+〈2132〉를 하면 훨씬 쉽게 할 수 있다. 마찬가지로 뺄셈도 훨씬 쉽게 할 수 있다.

다음은 곱셈표이다.

5진법의 곱셈표
(피타고라스의 표)

| 1 | 2 | 3 | 4 |
|---|---|---|---|
| 2 | 4 | 11 | 13 |
| 3 | 11 | 14 | 22 |
| 4 | 13 | 22 | 31 |

이 표를 가지고 있다면 5진법의 곱셈을 한결 쉽게 할 수 있다. 위의 문제를 대입해보면 금방 알 수 있다. 예를 들어 다음의 곱셈에서

5진법 $\left\{ \begin{array}{r} \langle 213 \rangle \\ \times\ \langle 3 \rangle \\ \hline \langle 1144 \rangle \end{array} \right.$

3×3은 〈14〉(표에서)에서 4를 쓰고 1은 머릿속에 넣는다. 1×3은 3 그리고 하나를 더하면 4가 된다. 2×3은 〈11〉이다. 1을 쓰고 1을 윗자리에 쓰면 〈1144〉를 얻는다.

진법이 작을수록 덧셈표와 곱셈표는 더욱 간단해진다. 예를 들어 3진법의 두 표는 다음과 같다.

3 진법의 덧셈표

| 0 | 1 | 2 |
|---|---|---|
| 1 | 2 | 10 |
| 2 | 10 | 11 |

3진법의 피타고라스 곱셈표

| 1 | 2 |
|---|---|
| 2 | 11 |

위의 표는 계산할 때 직접 응용해도 된다. 가장 간단한 덧셈표와 곱셈표는 다음과 같이 2진법에서 나온다.

2진법의 덧셈표

| 0 | 1 |
|---|---|
| 1 | 10 |

2진법의 곱셈표

| 1×1=1 |
|---|

이런 표의 도움으로 2진법에서는 네 가지 계산을 모두 할 수 있다. 실제로 곱하기를 하면 원래의 수가 되므로 곱하기는 없는 것과 마찬가지이다. 〈10〉, 〈100〉, 〈1000〉 (즉 2, 4, 8)으로 곱하기하면 오른쪽의 영의 숫자만큼만 더하면 된다. 더하기는 한 가지 식(즉 1+1=10)만 외우고 있으면 된다.

2진법이 가장 단순한 계산법이라고 한 것이 사실일까? 사실 계산 길이는 다른 기수법보다 훨씬 길다. 예를 들어 다음의 수를 곱해보자.

$$\text{2진법}\left\{\begin{array}{lr} & \langle 1001011101\rangle \\ \times & \langle 110101\rangle \\ \hline & \langle 1001011101\rangle \\ & \langle 1001011101\rangle\phantom{0} \\ & \langle 1001011101\rangle\phantom{00} \\ + & \langle 1001011101\rangle\phantom{000} \\ \hline & \langle 111110101000001\rangle \end{array}\right.$$

위의 식을 계산하기 위해서는 단순하게 숫자를 반복해서 써주면 된다. 즉 10진법에서 계산할 때처럼 머리를 많이 써야 할 필요도 없다. 위의 예를 10진법으로 쓰면 다음과 같다.

$$\begin{array}{lr} & 605 \\ \times & 53 \\ \hline & 1815 \\ & 3025\phantom{0} \\ \hline & 32065 \end{array}$$

인류가 2진법을 선택했다면 머리 쓰는 일이 훨씬 줄었을 것이다(종이와 잉크가 많이 들겠지만). 하지만 말로 할 경우 2진법은 10진법만큼 편하지 않다. 마찬가지로 2진법에서 나누기를 해보겠다.

$$\begin{array}{r|l} & \phantom{100}10010 \\ \cline{2-2} 111 & 10000010 \\ & 111 \\ \cline{2-2} & \phantom{0}1001 \\ & \phantom{00}111 \\ \cline{2-2} & \phantom{000}100 \end{array}$$

이것을 10진법으로 바꾸면 다음과 같다.

```
      18
7 ⌐ 130
      7
    ----
     60
     56
    ----
      4
```

나누어지는 수, 나누는 수, 몫, 나머지 모두가 위와 같지만 진법이 다를 뿐이다.

**풀 이**

A. 〈1304〉　B. 〈1144〉　C. 〈2402〉

D. 〈2010〉　E. 〈10210〉　F. 〈110〉

G. 〈10〉, 나머지 〈11〉

## 7. 홀수일까, 짝수일까

수를 보지 않으면 홀수인지 짝수인지 알기 어렵다. 그렇다고 모든 수를 짝수인지 홀수인지 쉽게 구별할 수 있다고 생각하는 것은 큰 잘못이다. 예를 들어 16은 짝수일까 홀수일까?

이것이 10진법에 따른 수라면 짝수라고 쉽게 이야기할 수 있다. 하지만 16이 다른 기수법에 따른 수라면 쉽게 단정할 수 있을까? 그렇지 않다. 7진법에 따른 수라면 〈16〉은 7+6=13을 의미한다. 즉 홀수이다. 마찬가지로 모든 홀수 진법에 따르면 홀수이다(짝수인 + 6은 똑같이 홀수의 의미도 있다).

그러므로 2로 나누어지는 모든 수(마지막 수가 짝수인)는 10진법에서만 의미가 있다. 다른 경우에는 항상 그렇지는 않다. 정확하게 이야기해서 6진법, 8진법 같은 짝수 진법에서만 의미가 있다.

그렇다면 홀수 진법에서 2로 나누어지는 수는 어떤 형태일까? 각 자리의 숫자의 합이 짝수이면 된다. 예를 들어 홀수 진법에서 〈136〉은 모든 진법에서 짝수이다. 홀수진법인 경우는 다음과 같다.

홀수11＋홀수＋짝수＝짝수

이 때문에 과연 25가 5로 나누어지는 수인지를 검토해볼 필요가 있다. 8진법 또는 7진법에서는 25는 5로 나누어지지 않는다(19, 21과 같은 수이기 때문). 마찬가지의 이유로 9로 나누어지는 수(숫자의 합과 관련된 나머지 법칙)는 10진법에서만 가능하다. 그렇기 때문에 5진법에서는 4, 7진법에서는 6이 이와 같은 기능을 수행할 수 있다. 즉 5진법에서 〈323〉은 4로 나누어진다. 왜냐하면 3＋2＋3＝8이기 때문이다. 마찬가지로 7진법에서 〈51〉은 6으로 나누어진다 (이 숫자를 10진법으로 보면 앞의 수는 88이고 뒤의 수는 36이다).

왜 이렇게 되는 것일까? '9에 의한 나머지 공식' 을 주의 깊게 살펴보면 7진법에서의 6도 같은 특성이 있음을 알 수 있다.

다음 식을 순수하게 산술적으로 계산할 경우 모든 진법에서 같다는 것을 증명하는 것이 보다 어렵다.

| | |
|---|---|
| 121 ÷ 11＝11<br>144 ÷ 12＝12<br>21 × 21＝441 | 옆의 숫자들을 나타낼 수 있는 모든 진법 |

수학의 기초가 튼튼한 사람은 등식을 쉽게 이해하겠지만 그렇지 못한 사람은 각각의 진법에 대입해보면 등식이 올바름을 알 수 있다.

## 8. 유익한 문제

I. 2× 2=100이 되는 경우는?

II. 2× 2=11이 되는 경우는?

III. 10이 홀수인 경우는?

IV. 2×3=11이 되는 경우는?

V. 3×3=14가 되는 경우는?

**풀 이**

이번 장을 읽었다면 이 문제를 푸는 데 전혀 어려움이 없을 것이다.

I. 2×2=100이 되는 경우는 2진법으로 계산된 경우이다.

II. 2×2=11이 되는 경우는 3진법으로 계산된 경우이다.

III. 10이 홀수가 되는 경우는 5진법일 때, 3진법, 7진법, 9진법 등 홀수진법일 때에 그렇다.

IV. 2×3=11이 되는 경우는 5진법으로 계산된 경우이다.

V. 3×3=14인 되는 경우는 5진법으로 계산된 경우이다.

# 9. 소수를 분수로 표시하기

우리는 10진법에 익숙하다. 그래서 $\frac{1}{7}$이나 $\frac{1}{3}$ 같은 분수를 본다면 소수로는 표현할 수 없다고 생각한다. 그러나 이것은 잘못된 생각이다. 왜냐하면 우리는 10진법이 아닌 다른 기수법에서도 분수를 소수로 표현할 수 있기 때문이다.

예를 들어 5진법에서 〈0.4〉는 어떤 의미일까? 물론 $\frac{4}{5}$를 의미한다. 7진법에서 〈1.2〉는 $1\frac{2}{7}$를 의미한다.

그러면 7진법에서 〈0.33〉은 어떤 의미일까? 약간 복잡하다. $\frac{3}{7}+\frac{3}{49}=\frac{24}{49}$를 의미한다.

소수로 표시된 다음의 수를 분수로 표시하면 어떻게 될까?

I. 3진법의 〈2.121〉

II. 2진법의 〈1.011〉

III. 5진법의 〈3.431〉

IV. 7진법의 〈$2.\dot{5}$〉

V. 다음 덧셈은 어떤 진법으로 계산했을까?

$$\begin{array}{r} 756 \\ 307 \\ 2456 \\ +\quad 24 \\ \hline 3767 \end{array}$$

VI. 다음 나눗셈은 어떤 진법으로 계산했을까?

```
          543
4532 ) 4415400
       40344
       -----
        34100
        31412
        -----
         22440
         22440
         -----
             0
```

VII. 10진법의 수 〈130〉을 2진법에서 9진법까지의 수로 옮겨보자.

VIII. 수 〈123〉이 각 진법(9진법까지)으로 쓴 것이라면 이 수를 10진법 수로 옮겨보라. 2진법으로 썼다고 할 수 있나? 3진법으로 썼다고 할 수 있나?

5진법으로 썼다면 2로 나누어질까?

7진법으로 썼다면 나머지 없이 6으로 나누어질까?

9진법으로 썼다면 나머지 없이 4로 나누어질까?

**풀 이**

I. $2+\frac{1}{3}+\frac{2}{9}+\frac{1}{27}=2\frac{16}{27}$

II. $1+\frac{1}{4}+\frac{1}{8}=1\frac{3}{8}$

III. $3+\frac{4}{5}+\frac{3}{25}+\frac{1}{125}=3\frac{116}{125}$

IV. $2+\frac{5}{7}+\frac{5}{49}+\frac{5}{343}+\cdots\cdots=2\frac{5}{6}$

(네 번째 답은 십진법의 순환소수로 바꾸어 계산하면 답이 맞음을 정확하게 알 수 있다.)

V. 8진법

VI. 6진법

VII. 〈130〉은 진법에 따라 다음과 같이 표시할 수 있다.

2진법 ··························10,000,010

3진법 ··························11,211

4진법 ··························2,002

5진법 ··························1010

6진법 ··························334

7진법 ··························244

8진법 ··························202

9진법 ··························154

VIII. 4진법의 〈123〉은 10진법의 27, 5진법의 〈123〉은 10진법의 38, 6진법의 〈123〉은 10진법의 51, 7진법의 〈123〉은 10진법의 66, 8진법의 〈123〉은 10진법의 83, 9진법의 〈123〉은 10진법의 102와 같다.

이 수는 2진법과 3진법에는 없는 숫자 2와 3이 있기 때문에 2진법과 3진법에서 쓰일 수 없다

그 숫자의 합이 2로 나누어지기 때문에 5진법에서 2로 나누어진다. 7진법에서는 6으로 나누어지지만, 9진법에서는 4로 나누어지지 않는다.

수의 표기

# 역사의 흔적

아주 먼 조상 때부터 발전한 현대의 계산방식과 생활습관에는 고대의 유산이 고스란히 담긴 경우가 많다. 예를 들어 무언가를 기억하기 위해 손수건에 매듭을 짓기도 한다. 고대의 조상들이 계산하고 매듭을 지어서 기억했듯이 우리도 그것을 반복한다. 우리는 줄에 매듭을 지으면서 조상들과 관계 있다고 생각하지 못하지만 줄로 된 아바쿠스, 즉 줄로 된 주판에서 한 매듭은 10을, 두 매듭은 100을, 세 매듭은 1,000을 의미했다.

아바쿠스라는 말은 은행이라는 뜻의 뱅크(bank)와 전표 또는 수표라는 뜻의 체크(check)와 관계가 깊다. 독일어의 bank가 벤치를 뜻함은 재미있다. 도대체 금융기관인 은행과 벤치가 무슨 관계일까? 역사적으로 살펴보면, 15-16세기경에 이탈리아에서 독일로 전래된 아바쿠스는 벤치 모양이었다. 좌판이나 은행 창구는 바로 이 '벤치 형태의 주판'과 함께 설치되었다. 그래서 뱅크가 벤치와 은행이라는 뜻이 되었다.

체크는 간접적으로 아바쿠스와 관계 있는 단어이다. 체크는 체커드(chekerd, 체크무늬에 선이 그려진)라는 말에서 비롯되었다. 체커드는 16~17세기 영국 상인들이 가지고 다니던 가죽에 그려진 아바쿠스였다. 영국 상인들은 이것을 책상에 펼쳐서 계산을 하였다. 말아서 들고 다니는 아바쿠스로 계산한 것을 기입하였던 메모장을 체커드라는 단어에서 나온 체크라고 하였다.

재미있는 표현이 있다. 돈을 다 잃은 것을 러시아에서는 '콩만 남았다'라고 한다. 이 표현도 주판알 대신 콩을 사용하던 고대의 아바쿠스에서 기원을 찾을 수 있다. "한 사람은 돌로 계산하고 다른 사람은 콩으로 계산했다"라는 표현이 캄파넬라(이탈리아의 시인, 저술가, 플라톤주의 철학자)의 《태양의 도시》(1602)에 있다. 돈을 다 잃어버린 사람이 잃어버린 돈을 콩으로 나타냈다는 의미이다.

## 가장 간단한 기수법

각 기수법에서 어떤 숫자가 가장 큰 단위 수인지 아는 것은 어렵지 않다. 예를 들면 10진법에서는 9, 6진법에서는 5, 3진법에서는 2가, 15진법에서는 14가 가장 큰 단위 수이다.

가장 간단한 기수법은 당연히 가장 적은 수의 숫자가 필요한 기수법이다. 10진법에서는 숫자 열 개가 필요하고(0을 포함해서), 5진법에서는 다섯 개, 3진법에서는 숫자 세 개(1, 2, 0), 2진법에서는 단지 두 개만 필요하다(0, 1).

그러면 1진법이 존재할까? 물론이다. 이 기수법에서는 오직 숫자 하나만 필요하다. 즉 1진법의 수는 앞 자리의 숫자 1이 뒷 자리의 숫자 1보다 한 배 더 큰 수이다. 즉 1진법의 수는 모든 자리의 숫자가 똑같은 의미를 갖는 수이다. 이것은 가장 원시적인 기수법인데, 나무에 표시하면서 물건을 세던 원시인들이 사용했다. 하지만 1진법과 다른 기수법 사이에는 매우 큰 차이가 있다. 1진법에서는 기수법의 가장 큰 특징인 숫자의 위치에 따른 의미가 없어진다.

실제로 1진법에서는 세 번째 수나 다섯 번째 수의 의미가 첫 번째 수의 의미와 같다. 2진법에서 오른쪽에서 세 번째 수는 첫 번째 수보다 의미가 네 배(2×2) 더 크며 다섯 번째 수는 16배의 의미가 있다(2×2×2×2).

1진법에서 개수를 나타내기 위해서는 개수만큼의 표시가 필요하다. 물건 100개를 표시하기 위해 표시 100개가 필요하다. 2진법에서는 표시가 일곱 개만 있으면 되고(〈1100100〉) 5진법에서는 세 개(〈400〉)만 있으면 된다.

그 때문에 1진법을 기수법이라 하기 어렵다. 1진법은 다른 기수법과 달리 전혀 경제적이지 않기 때문에 다른 기수법과 어깨를 나란히 할 수 없다. 그래서 가장 간단한 기수법은 0과 1을 사용하는 2진법이라 할 수 있다. 2진법에서는 0과 1로 모든 수를 표현할 수 있다.

손으로 수를 쓸 때는 2진법으로 표현된 수가 너무 길게 나오므로 불편하다.(대신 2진법은 덧셈과 뺄셈을 매우 간단하게 처리하는 장점이 있어 컴퓨터에서는 2진법으로 계산한다.) 하지만 2진법은 가장 간단한 기수법이라는 자격이 있다. 2진법은 2진법만의 특성이 있다. 특히 수학 마술을 하는 데 훌륭한 역할을 하게 됨을 〈03. 누구나 할 수 있는 마술〉에서 자세히 볼 수 있다.

# 03

## 누구나 할 수 있는 마술

⚜

최근 들어서 한국에서는 마술에 대한 관심이 늘어나고 있습니다. 하지만 사실 지금 여러분들이 관심을 갖는 그 마술은 화려하지만 그 뒤에 수많은 눈속임이 있는 것입니다. 하지만 수를 가지고 하는 마술은 그렇지 않습니다.

수를 가지고 하는 마술은 정직하며 양심적입니다. 수를 가지고 하는 마술은 속일 필요도 관객의 관심을 다른 데로 돌릴 필요도 없습니다. 수를 가지고 하는 마술을 하기 위해서는 몇 년 동안 수련해야만 하는 예술적 기교도, 현란한 손동작도, 민첩한 행동도 필요 없습니다.

수를 가지고 하는 마술은 열심히 연구하고, 수와 친숙해져서 수의 재미있는 특성을 이용하는 것입니다. 그렇기 때문에 그러한 특성을 잘 아는 사람에게는 마술을 푸는 것은 쉬운 일이지만 모르는 사람에게는 아주 단순한 것도 마술처럼 보이는 것입니다.

## 1. 인도의 ‘계산 달인’ 묘기

지금은 아이들도 잘 아는, 아주 단순한 수학 공식을 숫자에 대입하는 능력이 몇 사람의 전유물이었으며 그런 능력은 초인간적인 능력이라고 생각하던 때도 있었다. 고대 인도의 소설 《닐과 다마얀티》에는 ‘초인적인 계산 능력’ 에 대해 잘 씌어 있다. 말을 매우 잘 다루는 닐이 계산의 달인 리투페른을 태우고 가지가 많은 비비타카 나무 옆을 지나게 되었다.

리투페른은 갑자기 멀리 짙은 그늘을 드리우고 있는 비비타카 나무를 보았다.

“이봐, 이 세상에는 어느 누구도 모든 것을 하지는 못하는 것 같아. 자네는 말을 다루는 기술이 최고이고, 난 계산 능력이 있으니……”

그러고는 자신의 능력을 보여주기 위해 계산의 달인은 순식간에 비비타카 나무의 가지에 있는 잎사귀를 세었다. 놀란 닐은 리투페른에게 방법을 물었고 리투페른은 기분 좋게 가르쳐 주었다.

"이것뿐이야."

리투페른이 이야기를 하자 닐의 두 눈이 번쩍 뜨였다. 그는 비비타카 나무의 가지, 열매, 잎사귀를 순식간에 셀 수 있었다……

물론 여러분은 리투페른이 가르쳐준 방식이 잎사귀 하나하나를 세는 방식이 아니라는 것은 예상할 수 있다. 계산 달인의 방법은 잎사귀를 모두 세는 대신 한 가지의 잎사귀를 세고, 거기에 한 줄기의 가지 수를 곱하고, 다음에 나무의 줄기의 수를 곱하는 식으로 한다(한 줄기에 똑같은 수의 가지가 있고, 한 가지에 똑같은 수의 잎사귀가 있다고 가정).

수를 가지고 하는 마술은 대부분 리투페른의 '마술' 처럼 간단하다. 단지 비밀이 어디 있는지를 아는 것이 중요하다. 그러면 여러분은 소설 속의 닐이 빠른 계산 방법을 금방 습득하듯이 그 방법을 알게 된다.

수를 가지고 하는 모든 마술은 수의 일정한 특성을 이용한다. 그렇기 때문에 재미있을 뿐만 아니라 지식을 쌓는 데도 도움이 된다.

## 2. 동전 지갑 아홉 개

마술사가 3루블러시아의 화폐 단위, 1루블=100코페이카 — 옮긴이에 해당하는 동전더미를 책상 위에 풀어놓았다. 그리고 문제를 낸다. '1코페이카에서 3루블까지 지갑을 열지 않고 바로 지불할 수 있도록 동전 지갑 아홉 개에 나누어 넣어 보시오.'

전혀 불가능할 것 같은 문제다. 마술사가 함정을 만들었거나 말장난했을 것이라고 생각하지 말아라. 난감해하는 여러분 앞에서 마술사가 직접 시범을 보여준다. 그는 각 지갑에 동전을 넣은 뒤에 지갑에 넣은 돈의 금액을 표시해두고 여러분에게 3루블이 넘지 않는 금액을 이야기해보라고 한다.

여러분은 맨 처음 생각난 금액 2루블 69코페이카를 이야기한다. 마술사는 전혀 거리낌없이 지갑 네 개를 건네준다. 지갑을 열면 여러분은 다음과 같은 금액을 보게 된다.

| | |
|---|---|
| 첫 번째 지갑 | 0루블 64코페이카 |
| 두 번째 지갑 | 0루블 45코페이카 |
| 세 번째 지갑 | 1루블 28코페이카 |
| 네 번째 지갑 | 0루블 32코페이카 |
| 총계 | 2루블 69코페이카 |

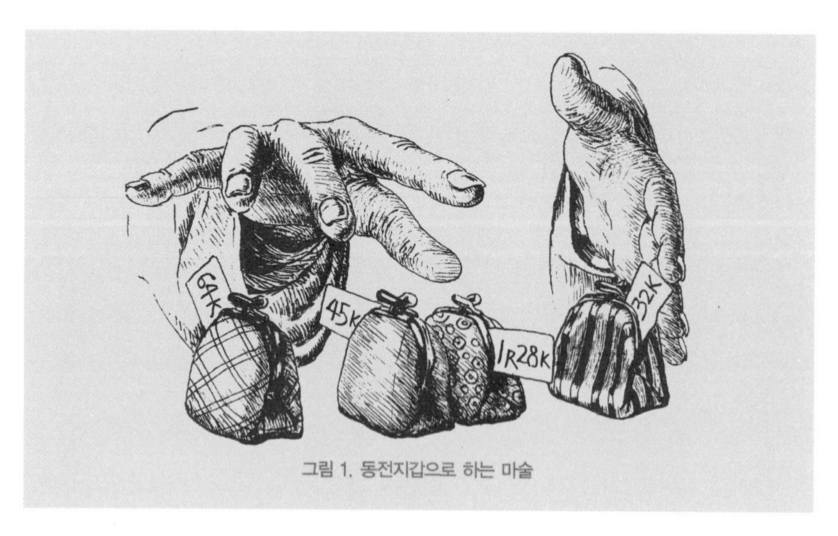


그림 1. 동전지갑으로 하는 마술

마술사가 속임수를 썼을 거라고 의심하고 다시 한 번 하자고 한다. 그는 모든 지갑을 여러분 앞으로 밀어놓고 여러분이 새로운 금액을 이야기할 때(예를 들어 1루블, 7코페이카, 2루블 93코페이카) 마술사는 바로바로 여러분이 가지고 있는 지갑 중에서 여러분이 부른 금액을 맞히기 위한 지갑을 가리킨다.

1루블 – 지갑 여섯 개(32코페이카, 1코페이카, 45코페이카, 16코페이카, 2코페이카, 4코페이카)

7코페이카 – 지갑 세 개 (1코페이카, 2코페이카, 4코페이카)

2루블 93코페이카 – 지갑 일곱 개(1루블 28코페이카, 32코페이카, 8코페이카, 45코페이카, 64코페이카, 16코페이카)

마술사의 이야기대로 지갑들은 어떤 금액(3루블까지)도 지불할 준비가 되어 있다. 어떻게 가능할까?

**풀 이**

비밀의 열쇠는 다음과 같이 동전을 나누는 것이다.

1코페이카, 2코페이카, 4코페이카, 8코페이카, 16코페이카, 32코페이카, 64코페이카, 128코페이카

그리고 마지막 지갑에 나머지 돈을 넣는다.

300－(1＋2＋4＋8＋16＋32＋64＋128)＝300－255＝45(코페이카)

첫 번째 지갑 여덟 개로 1코페이카에서 255코페이카까지 어떤 금액도 만들

수 있음을 쉽게 알 수 있다. 더 큰 금액을 요구하면 앞의 지갑 여덟 개의 금액을 뺀 나머지 금액 45코페이카가 들어 있는 마지막 지갑이 도와줄 것이다.

여러분은 다양한 금액으로 시험해보면 300코페이카를 넘지 않는 모든 금액이 가능함을 알게 된다. 하지만 왜 그렇게 되는지 아직 알 수 없다. 1, 2, 4, 8, 16, 32, 64…… 수열에 그런 특징이 있을까? 위의 수들이 2의 제곱수라는 것이 이 문제를 푸는 핵심이다. 즉 위의 수열은

$$2^0,\ 2^1,\ 2^2,\ 2^3,\ 2^4\cdots\cdots$$

이 숫자들을 2진법처럼 볼 수 있다. 모든 수를 2진법으로 쓸 수 있듯이 모든 수를 1, 2, 4, 8, 16 등의 수열의 숫자인 2의 제곱수로 나타낼 수 있다. 주어진 금액을 위해 여러분이 지갑을 고를 때 그 금액을 2진법으로 표현하면 된다. 예를 들어 100을 2진법으로 나타내면

2진법에서 오른쪽에서 첫 번째에 1이, 두 번째에 2가, 세 번째에 4가, 네 번

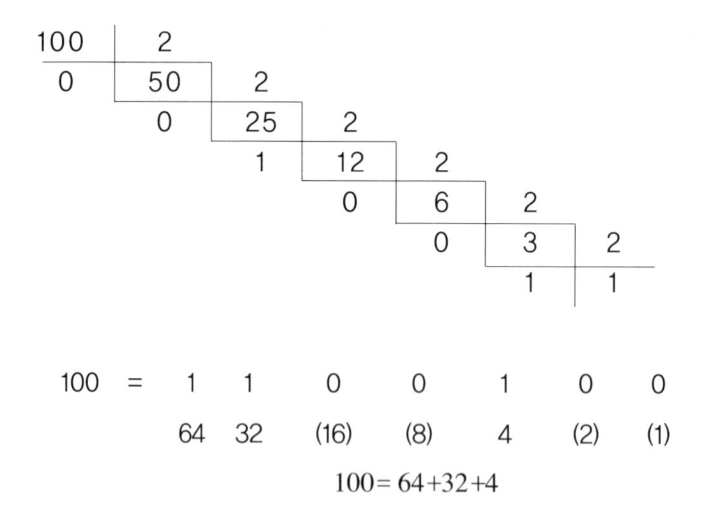

째에 8이 들어간다는 것을 기억하라.

## 3. 성냥개비 수

2진법의 특징은 다음의 마술에서도 쓸 수 있다. 친구에게 많지 않은 성냥개비가 들어 있는 성냥갑을 책상 위에 놓고 그 옆에 정사각형 종이 일곱 개를 놓게 한다. 그리고 여러분이 없는 사이에 다음과 같은 동작을 하라고 한다. 성냥갑 속의 성냥의 반을 빼어 맨 오른쪽의 종이 위에 올려놓는다. 종이 위에 있는 성냥을 다시 반으로 나눈 다음에 한 쪽을 다시 성냥갑에 넣는다. 남아 있는 반은 그 옆(왼쪽으로)의 종이 위에 올려놓는다. 만약 짝수가 아닌 경우 남은 하나는 먼저 종이 위에 그대로 놓아둔다. 그런 식으로 계속해서 반은 성냥갑에 반은 다음 종이로 옮긴다. 이때 남는 한 개비는 그 앞의 종이에 남겨둔다.

결국 나머지를 제외하고 모든 성냥이 성냥갑 속으로 돌아간다(그림 2). 이 작업을 마치면 여러분은 돌아와서 텅 빈 종이를 보면서 맨 처음 성냥갑에서 꺼낸 성냥개비의 개수를 맞힌다. 어떻게 텅 빈 종이와 우연히 남아 있는 성냥들로 처음의 성냥개비의 수를 알 수 있을까?

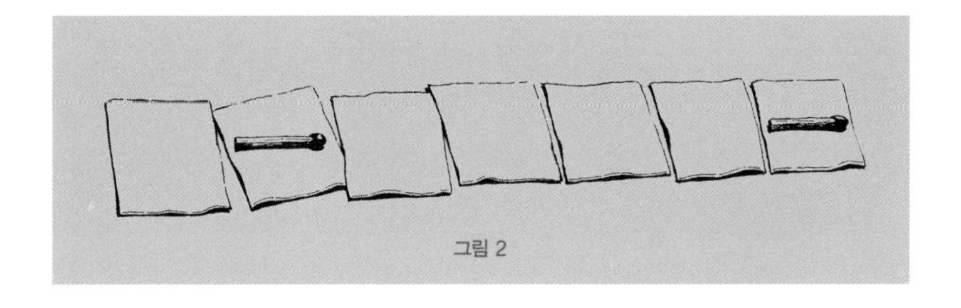

그림 2

## 풀 이

'텅빈 종이'는 이 경우 모든 것을 말해준다. 텅 빈 종이와 외롭게 있는 성냥은 처음의 수를 맞추는 데 충분하다. 왜냐하면 2진법으로 책상 위에 쓰여 있기 때문이다.

예를 들어 성냥의 개수가 33개였다고 하자. 성냥개비 33개를 가지고 만든 내용은 그림 2와 같다. 성냥개비로 한 작업은 성냥갑 속의 성냥을 2진법으로 나타낼 때와 같다는 것을 알게 된다. 아무것도 놓이지 않은 텅 빈 종이를 2진법의 0으로 하고 성냥이 하나 남아 있는 종이를 1이라고 하자. 이것을 왼쪽에서 오른쪽으로 읽으면 다음과 같다.

| 1 | 0 | 0 | 0 | 0 | 1 |
|---|---|---|---|---|---|
| 32 | (16) | (8) | (4) | (2) | 1 |

십진법에 있어서 이 수는 32+1=33이다.

성냥개비가 28개였다면 그림 3과 같다. 2진법으로 나타낸 수는

| 1 | 1 | 1 | 0 | 0 |
|---|---|---|---|---|
| 16 | 8 | 4 | (2) | (1) |

10진법으로 나타내면 16+8+4=28이다.

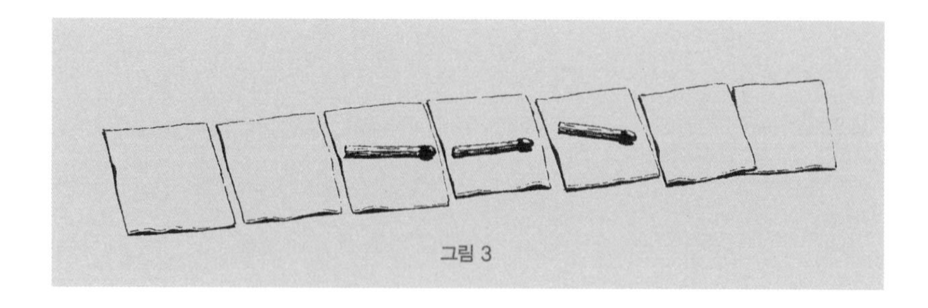

그림 3

## 4. 성냥개비로 생각 맞히기

같은 형식의 세 번째 마술은 성냥개비로 생각한 수를 맞히는 것이다. 수를 생각한 사람은 머릿속에서 수를 반으로 나누고 다시 반으로 나누는 작업을 계속한다(홀수인 때는 1을 버린다). 매번 반으로 나눌 때 짝수로 나누어지면 성냥을 가로로 놓고 홀수로 나누어지면 세로로 놓는다. 그렇게 하면 그림 4와 같은 모양이 나온다. 여러분은 이 그림을 보고 생각한 수가 137임을 알 수 있다. 어떻게 알 수 있을까?

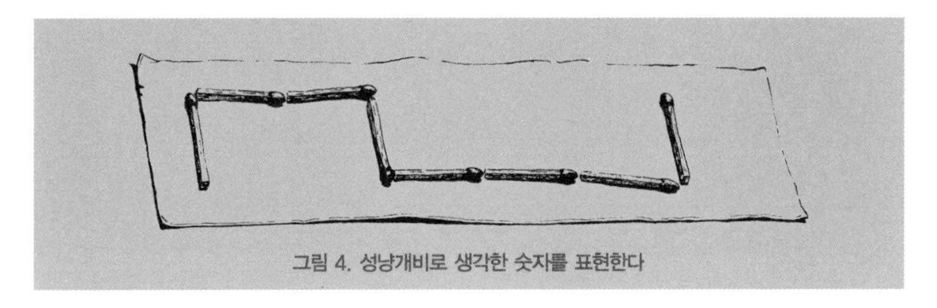

그림 4. 성냥개비로 생각한 숫자를 표현한다

**풀 이**

선택한 수(137)로 시작한 성냥개비에서부터 각각의 성냥개비가 의미하는 수를 써놓는다(그림 5). 마지막 수는 항상 1이 됨을 알 것이다. 거기서부터 시작해서 바로 앞의 수가 얼마였는지 거꾸로 올라가면 처음 생각한 수를 알 수 있다.

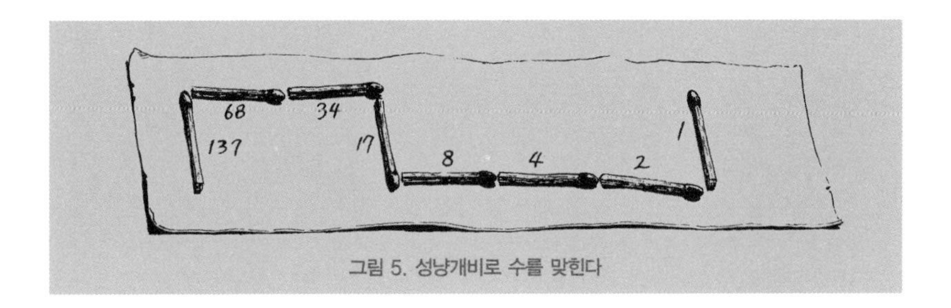


그림 5. 성냥개비로 수를 맞힌다

예를 들어 그림 6에서 여러분은 664를 생각했다는 것을 알 수 있다. 버려진 1을 잊지 않고 차례대로 두 배를 계속하면(끝에서 시작해서) 다른 사람이 생각한 수가 나온다. 이런 식으로 성냥을 가지고 여러분은 다른 사람이 생각한 수 사슬을 전부 알아낼 수 있다. 즉 가로로 놓인 성냥개비는 2진법의 0을 세로로 놓인 성냥개비는 1을 의미한다.

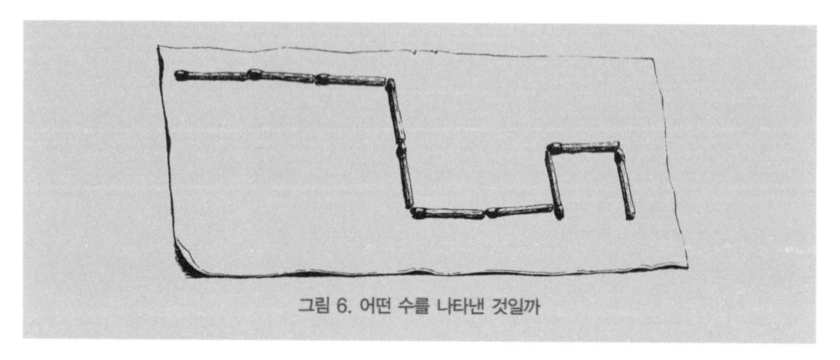

그림 6. 어떤 수를 나타낸 것일까

이런 식으로 우리는 앞의 문제에서 다음과 같은 수(오른쪽에서 왼쪽으로)를 볼 수 있다.

| 1 | 0 | 0 | 0 | 1 | 0 | 0 | 1 |
|---|---|---|---|---|---|---|---|
| 128 | (64) | (32) | (16) | 8 | (4) | (2) | 1 |

또는 10진법으로 128+8+1=137.

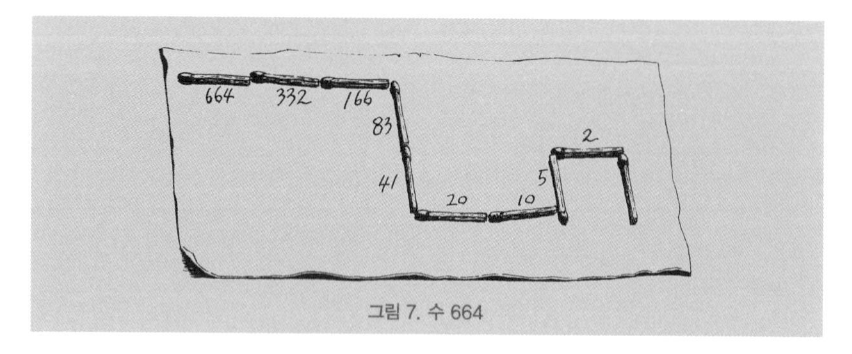


그림 7. 수 664

위의 예제에서 생각한 수는 그림 7과 같이 또는 다음과 같이 2진법으로 나타낼 수 있다.

| 1 | 0 | 1 | 0 | 0 | 1 | 1 | 0 | 0 | 0 |
|---|---|---|---|---|---|---|---|---|---|
| 512 | (256) | 128 | (64) | (32) | 16 | 8 | (4) | (2) | (1) |

또는 10진법으로 512+128+16+8=664.

다음의 문제도 한번 풀어보자.
그림 8과 같은 모양이 나왔다면 어떤 수를 생각한 것일까?

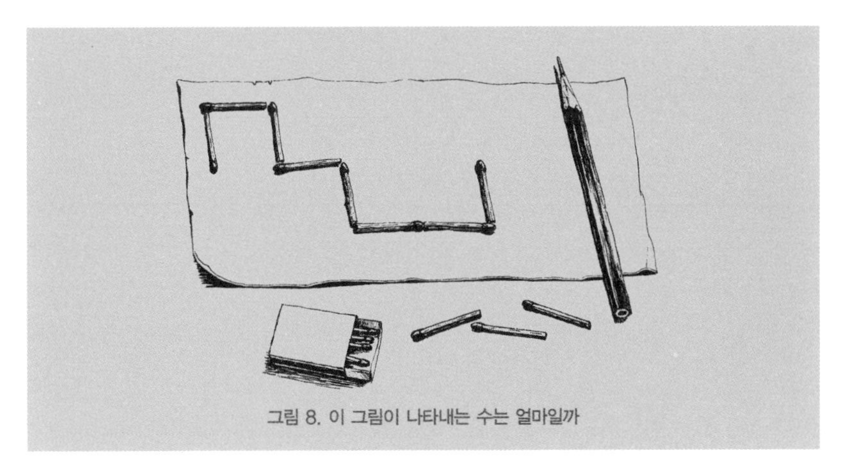

그림 8. 이 그림이 나타내는 수는 얼마일까

2진법의 수 〈10,010,101〉은 10진법의 수 128+16+4+1=149와 같다.
(마지막에 오는 수 1로 세로의 성냥이 만들어짐을 기억할 것.)

## 5. 이상적인 저울추

몇몇 독자는 앞에서 2진법을 사용하는 이유가 무엇일까 궁금해할 것이다. 모든 수는 어떠한 진법으로도 나타낼 수 있지 않은가! 10진법도 그 중의 하나인데, 2진법을 써야 하는 이유는 무엇일까?

그 이유는 2진법에서 사용되는 숫자는 0을 제외하고 1 하나밖에 없기 때문이다. 그래서 다양한 2의 제곱값이 한 번씩만 사용되기 때문이다. 지갑을 이용한 마술에서 5진법으로 나누었다면 지갑을 열지 않고 모든 수를 만들기 위해서는 같은 지갑을 4회 이상 사용해야 한다.(5진법에서는 0 이외에 네 숫자를 더 사용하기 때문이다.)

비슷한 상황에서 2진법이 아닌 3진법이나 다른 진법을 사용하는 것이 더 편한 경우도 있다. 수로 하는 마술 가운데 유명한 '저울추 문제' 가 있다.

I.

추가 네 개 있다. 이 추 네 개로 1에서 40까지 모든 무게를 달 수 있는 방안을 생각해보자.

2진법으로 다음과 같은 세트를 만들어보자.

1*kg*, 2*kg*, 4*kg*, 8*kg*, 16*kg*

이것으로 1에서 31킬로그램까지 모든 무게를 잴 수 있지만, 추의 개수와 범위(다섯 개가 아니라 네 개여야 하고, 31킬로그램이 아닌 40킬로그램이어야 한다) 모두에서 요구 조건을 충족시키지 못한다.

한편 여러분은 저울의 한쪽만 사용하는 것이 아니라 양쪽 모두를 사용할 수 있다. 즉 합만이 아니라 차이 무게도 이용할 수 있다. 이것은 매우 많은 가능성을 준다. 이랬을 때 어떤 진법을 써야 할지 헷갈린다. 운이 좋지 않아 올바른 방법을 사용하지 못하면 여러분은 정말로 그렇게 적은 양

그림 9. 추 네 개를 가지고 1~40킬로그램까지 어떤 무게도 달 수 있다

의 추로 과연 이 문제를 풀 수 있을까 의심한다.

**풀 이**

1, 3, 9, 27킬로그램짜리 추 네 개를 이용하여 놀라운 결과를 얻을 수 있다. 40킬로그램 미만의 어떤 무게라도 위의 추 네 개를 한쪽에다 올려놓거나 양쪽에다 올려놓으면서 만들 수 있다. 너무도 당연하기 때문에 예를 들지 않겠다. 그것보다는 이 수열이 어떤 특성이 있는지를 알아보자.

여러분은 이 수가 3의 제곱값(1은 3의 0제곱의 값이다(1은 모든 수의 0제곱의 값이다))임을 눈치챘을 것이다.

$$3^0, 3^1, 3^2, 3^3$$

이는 3진법에 관심을 두고 있다는 것을 의미한다. 저울 추는 3진법의 수이다. 그러면 추의 차이를 나타낼 때에는 어떻게 사용할 수 있는가? 그리고 추를 두 개 놓아야 할 때는 어떻게 해결하는가? 3진법에는 0이외에 두 개의 숫자(1, 2)가 더 사용된다.

두 숫자는 서로 '상반되는' 숫자이다. 즉 숫자 2를 사용하기 위해 3–1을 사용할 수 있다. 다시 말해 앞 자리의 수 1에서 나중 자리의 수 1을 빼는 것이다. 예를 들어 3진법에서 2를 나타내기 위해 2가 아니라 $1\bar{1}$라고 쓴다. 마이너스표가 있는 것은 더하는 것이 아니라 빼는 것을 의미한다. 마찬가지로 5를 12로 표시하는 것이 아니라 $1\bar{1}\bar{1}$(즉 9–3–1=5)로 표시한다.

이제 0(즉 없다는 표시)과 함께 숫자 하나로 1을 더하거나 빼서 모든 수를 3진법으로 나타낼 수 있으며 1, 3, 9, 27을 가지고 더하거나 빼서 1에서 40까지의 모든 수를 만들 수 있음을 알았다. 우리는 추를 이용해서 숫자 대신 사용하면 된다. 물건의 무게를 잴 때 한쪽에 모든 추가 놓여 있으면 덧셈을 응용한 것이고 추가 물건과 함께 놓여 있으면 물건의 무게는 추의 무게만큼을 빼면 된다. 0은 추가 없는 것을 의미한다.

| 무게 | 왼쪽 팔 | 오른쪽 팔 | 무게 | 왼쪽 팔 | 오른쪽 팔 |
|---|---|---|---|---|---|
| 1 | 1 | 0 | 21 | 27+3 | 9 |
| 2 | 3 | 1 | 22 | 27+3+1 | 9 |
| 3 | 3 | 0 | 23 | 27 | 3+1 |
| 4 | 3+1 | 0 | 24 | 27 | 3 |
| 5 | 9 | 3+1 | 25 | 27+1 | 3 |
| 6 | 9 | 3 | 26 | 27 | 1 |
| 7 | 9+1 | 3 | 27 | 27 | 0 |
| 8 | 9 | 1 | 28 | 27+1 | 0 |
| 9 | 9 | 0 | 29 | 27+3 | 1 |

| 무게 | 왼쪽 팔 | 오른쪽 팔 | 무게 | 왼쪽 팔 | 오른쪽 팔 |
|---|---|---|---|---|---|
| 10 | 9+1 | 0 | 30 | 27+3 | 0 |
| 11 | 9+3 | 1 | 31 | 27+3+1 | 0 |
| 12 | 9+3 | 0 | 32 | 27+9 | 3+1 |
| 13 | 9+3+1 | 0 | 33 | 27+9 | 3 |
| 14 | 27 | 9+3+1 | 34 | 27+9+1 | 3 |
| 15 | 27 | 9+3 | 35 | 27+9 | 1 |
| 16 | 27+1 | 9+3 | 36 | 27+9 | 0 |
| 17 | 27 | 9+1 | 37 | 27+9+1 | 0 |
| 18 | 27 | 9 | 38 | 27+9+3 | 1 |
| 19 | 27+1 | 9 | 39 | 27+9+3 | 0 |
| 20 | 27+3 | 9+1 | 40 | 27+9+3+1 | 0 |

II.

일상생활에서는 네 개의 추를 사용하지 않는다. 미터법이 사용되는 전 세계에서 1, 2, 2, 5 네 개의 추를 사용하지 1, 3, 9, 27 네 개의 추를 사용하지 않는다. 앞의 것은 10까지밖에 잴 수 없고 나중 것은 40까지 잴 수 있는 데도 말이다. 미터법이 생기기 전에도 1, 3, 9, 27 조합은 사용되지 않았다. 어째서 완벽하게 더 많은 무게를 잴 수 있는 시스템이 사용되지 않았을까?

**풀 이**

완전한 저울추는 종이 위에 있을 때는 편하지만 실제로는 매우 불편하다.

사과 400그램과 설탕 2,500그램을 잰다고 해보자. 여기서 100, 300, 900, 2,700그램짜리 추를 사용할 수 있다.(비록 맞는 추를 찾는 데 오래 걸리겠지만) 하지만 물건 각각의 무게를 재려면 매우 불편하다. 즉 어렵게 조합한 추를 다 내리고 다시 또 어렵게 추를 조합하는 등의 어려움이 있고, 무게를 재는 일은 시간이 많이 걸린다.

게다가 19킬로그램을 재기 위해서는 한쪽에 27킬로그램과 1킬로그램의 추를 다른 쪽에는 9킬로그램의 추를 놓아야 한다는 것, 20킬로그램을 재기 위해서는 한쪽에는 27킬로그램과 3킬로그램의 추를 다른 쪽에는 9킬로그램과 1킬로그램의 추를 놓아야 함을 재빨리 알아내는 것은 어려운 이야기이다. 무게를 달 때마다 머리가 지끈거릴 것이다. 하지만 1, 2, 2, 5 추는 그런 어려움을 주지 않는다.

## 6. 아직 쓰지 않은 수 알아맞히기

사람들은 자기에게 불러 줄 수의 합을 미리 알 수 있을까? 물론 이것은 마술이다.

마술사는 여러분에게 원하는 수를 쓰라고 한다. 그 수를 보자마자 마술사는 앞으로 만들어질 수의 합을 종이에 쓰고는 여러분에게 보관하라고 한다. 그러고 나서 마술사는 여러분(또는 참여하는 다른 사람)에게 또다른 수를 쓰라고 한다.

그리고 마술사는 세 번째 수를 쓴다. 여러분은 씌어진 세 수의 합을 더하여 그 수가 마술사가 써서 준 종이 위에 씌어진 수와 같은 수라는 것을 알게 된다.

여러분이 처음에 83,267을 썼다면 마술사는 183,266이라는 합을 쓴다. 다음에 27,935라고 쓰면 마술사는 세 번째 수를 72,064라고 쓴다.

| | | |
|---|---|---|
| I | ……………………여러분 : | 83,267 |
| III | ……………………여러분 : | 27,935 |
| IV | ……………………마술사 : | 72,064 |
| II | …………………………합 : | 183,266 |

비록 두 번째 수가 어떤 수인지 알지 못하지만 마술사는 정확하게 합을 맞힌다. 마술사는 다섯 번 또는 여섯 번 수를 쓰게 할 수도 있다. 이 경우에 마술사는 전체 중에 두 번 또는 세 번의 수를 자기가 써야 한다. 여기서 합이 씌어진 종이는 마지막 순간까지 여러분이 가지고 있기 때문에 마술사가 속임수를 쓴다고 생각하지 않는다. 마술사는 여러분이 전혀 모르는 수의 특성을 이용한 것이 틀림없다. 어떤 특성일까?

**풀 이**

마술사는 다섯 자릿수를 9 다섯 개(99,999)로 만드는 작업을 한 것이다. 즉 첫 번째 수에 100,000−1을 더한 수를 만든다. 그러면 수의 앞에 1이 나타나고 마지막은 1이 줄어든다. 예를 들어

$$\begin{array}{r} 83,267 \\ +\quad 99,999 \\ \hline 183,266 \end{array}$$

위의 합, 즉 여러분이 쓴 수에 99,999를 더한 수가 종이에 쓴 덧셈의 합이 된다. 답을 맞게 만들기 위해서 마술사는 여러분이 쓴 두 번째 수를 본 다음 세 번째 수를 써서 두 개의 합이 99,999가 되게 만드는 것이다.
이런 과정을 여러분은 앞의 예에서 볼 수 있고, 다음의 예에서도 볼 수 있다.

| | | |
|---|---|---|
| Ⅰ························· | 여러분 : | 379,264 |
| Ⅲ························· | 여러분 : | 4,873 |
| Ⅳ························· | 마술사 : | 995,126 |
| Ⅱ····························· | 합 : | 1,379,263 |

| | | |
|---|---|---|
| Ⅰ························· | 여러분 : | 9,035 |
| Ⅱ························· | 여러분 : | 5,669 |
| Ⅳ························· | 마술사 : | 4,330 |
| Ⅱ····························· | 합 : | 19,034 |

여기서 두 번째 수를 첫 번째 수보다 큰 자릿수를 선택하면 마술사를 힘들게 할 것이다. 마술사는 답을 구하기 위해 두 번째 수를 줄여야 하지만 그렇게 하지 못한다. 그래서 경험 있는 마술사는 규칙을 미리 말해준다.
사람들이 많이 참여하면 마술은 훨씬 재미있다. 예를 들어 첫 번째 수가 437,692이면 마술사는 모두 다섯 수의 합을 미리 계산해서 2,437,690(이 경우에는 999,999를, 즉 2,000,000−2를 두 번 더한다)을 쓴다.
다음은 불을 보듯 환하다.

| | | |
|---|---|---|
| I | 여러분 : | 437,692 |
| III | 두 번째 사람 : | 822,541 |
| V | 세 번째 사람 : | 263,009 |
| IV | 마술사 : | 177,458 |
| VI | 마술사 : | 736,990 |
| I | 마술사가 미리 쓴 합 : | 2,437,690 |

하나 더 예를 들어보자

| | | |
|---|---|---|
| I | 여러분 : | 7,400 |
| III | 두 번째 사람 : | 4,732 |
| V | 세 번째 사람 : | 9,000 |
| IV | 마술사 : | 5,267 |
| VI | 마술사 : | 999 |
| II | 마술사가 미리 쓴 합 : | 27,398 |

쉬쉬코프(1873－1945, 러시아의 소설가)의 소설 《방랑자》에는 위와 같은 마술이 소개된다.

이반 페트로비치는 공책 한 장을 뜯어 아이에게 주면서 물어보았다.
"연필 있냐? 아무 수나 써봐라."
아이는 생각나는 대로 수를 썼다. 이반 페트로비치는 그 수를 살짝 본 다음에 다른 종이에 어떤 수를 썼다. 그러고는 종이를 짚단에 넣고 사기 모사를 그 위에 올려놓았다.
"그럼 그 밑에 다른 수를 써봐라. 이제는 내가 세 번째 수를 쓰마. 자 그럼 세 수를 전부 합쳐봐라. 정확하게 해야 한다. 속이지 말고."
2분쯤 뒤에 수를 합한 답이 나왔다. 기능공 보쉬킨(아이)은 계산한 종이를 내밀었다.

$$\begin{array}{r} 46,853 \\ 21,398 \\ +\ 78,601 \\ \hline 146,852 \end{array}$$

"146,852입니다. 이반 페트로비치."
"무슨 시간이 이렇게 오래 걸리냐. 내 답은 여기에 있다. 난 네가 첫 수를 썼을 때 이미 알고 있었지. 모자 밑에서 꺼내봐라."
아이는 종이를 꺼냈다. 146,852가 씌어 있었다.

소설에서는 마술 설명이 없었지만 여러분은 이 마술을 쉽게 이해하리라 믿는다.

## 7. 나눗셈 빨리 하기

나눗셈 빨리 하기의 마술은 9로만 이루어진 수와의 곱셈의 특성을 알면 매우 쉽다. 이미 알고 있듯이 9로만 이루어진 수와 똑같은 자릿수의 수를 곱해 얻은 답은 두 부분으로 이루어진다. 첫 번째 부분은 곱하는 수에서 1을 뺀 수이며 두 번째 부분은 곱하는 수에서 첫 번째 부분의 수를 뺀 것이다.

예를 들면

$$247 \times 999 = 246{,}753 ; 1372 \times 9999 = 13{,}718{,}628$$ 등

이유는 다음의 식에서 쉽게 볼 수 있다.

$$247 \times 999 = 247 \times (1000 - 1) = 247{,}000 - 247 = 246{,}999 - 246$$

이를 사용해서 친구들에게 몇 자릿수로 이루어진 수의 나눗셈을 해보라고 해보자.

첫 번째 친구 — 68,933,106 ÷ 6894

두 번째 친구 — 8,765,112,348 ÷ 9999

세 번째 친구 — 543,456 ÷ 544

네 번째 친구 — 12,948,705 ÷ 1295 등

여러분도 똑같은 문제를 풀어보자. 친구들이 각자의 답을 구하는 동안 여러분은 그들보다 빨리 네 문제 모두를 풀어놓는다.

첫 번째 문제 — 9,999

두 번째 문제 — 87,652

세 번째 문제 — 999

네 번째 문제 — 9,999

위의 예와 같은 문제를 내서 '나눗셈 빨리 하기'를 친구들에게 보여주자. 이를 위해서는 《04. 수의 재미있는 특성》의 수들을 활용하면 된다.

## 8. 좋아하는 숫자

친구에게 또는 모르는 사람에게 자신이 좋아하는 숫자를 가르쳐달라고 하자. 예를 들어 여러분의 친구가 가장 좋아하는 숫자가 6이라 했다.

"이거 놀라운 걸!"

여러분은 놀라는 척 한다.

"이 수는 존재하는 수 가운데 가장 훌륭한 수야!"

"그 수가 뭐가 훌륭하다는 거지?"

친구는 관심 있게 물어본다.

"자, 보라고. 네가 좋아하는 숫자를 가장 큰 숫자, 즉 9를 곱하고 나온 답(54)에 12,345,679를 곱하면

$$\begin{array}{r} 12{,}345{,}679 \\ \times \quad 54 \\ \hline \end{array}$$

어떤 답이 나오지?"

곱셈을 한 친구는 놀랍게도 자신이 좋아하는 숫자로만 만들어진 수, 즉 6,666,666,666을 답으로 얻는다.

"봐, 너 수학적 감각이 대단한 것 같은데. 넌 숫자 가운데 가장 훌륭한 특성을 지닌 숫자를 선택한 거야." 라고 이야기해준다.

어떻게 이런 일이 일어날 수 있을까? 사실 모든 사람이 이 정도의 수학적 감각은 있다. 숫자 아홉 개 가운데 어느 하나를 선택해도 마찬가지 특

성을 지닌 숫자를 선택하는 것이니 말이다.

$$\begin{array}{r} 12,345,679 \\ \times\ 4 \times 9 \\ \hline 444,444,444 \end{array} \qquad \begin{array}{r} 12,345,679 \\ \times\ 7 \times 9 \\ \hline 777,777,777 \end{array} \qquad \begin{array}{r} 12,345,679 \\ \times\ 9 \times 9 \\ \hline 999,999,999 \end{array}$$

'왜 이런 답을 얻을까' 는 《04. 수의 재미있는 특성》에서 더 자세히 알 수 있을 것이다.

## 9. 생일 알아맞히기

이번 마술은 여러 형태로 나타날 수 있다. 조금 어렵지만 하나를 가르쳐 주겠다. 그렇기 때문에 이 마술을 하면 그만큼 효과가 있다.

예를 들어 여러분이 5월 18일에 태어났고 만 23세라고 하자. 나는 여러분의 생일도, 나이도 모르지만 여러분에게 몇 가지 계산을 하게 한 뒤에 두 가지 모두 알아맞히겠다.

태어난 달(5)에 100을 곱하라. 거기에 태어난 날짜(18)를 더하라. 나온 수를 두 배로 한 뒤 8을 더해라. 이렇게 나온 수를 5로 곱한 뒤 4를 더해라. 그러고 다시 10을 곱한 뒤 4를 더해라. 나온 답에 여러분의 나이를 더해라(23).

모든 게 계산되면 나온 답을 내게 말하라. 나는 거기서 444를 뺀 나머지를 가지고 오른쪽에서 왼쪽으로 두 숫자씩 나누어준다. 그러면 바로 여러분의 생일의 달, 날짜, 나이가 나온다.

순서대로 정리해보자.

$5 \times 100 = 500$

$500 + 18 = 518$

$518 \times 2 = 1,036$

$1,036 + 8 = 1,044$

$1,044 \times 5 = 5,220$

$5,220 + 4 = 5,224$

$5,224 \times 10 = 52,240$

$52,240 + 4 = 52,244$

$52,244 + 23 = 52,267$

마지막으로 $52,267 - 444$를 하면 51,823이 된다.
이 숫자를 오른쪽을 기준으로 왼쪽으로 두 개씩 나눈다. 그러면

$$5 - 18 - 23$$

이 나온다. 즉 5월 18일, 23세이다. 어떻게 나오는 걸까?

**풀 이**

다음 등식을 보면 이해할 수 있다.

$$\{[(100m+t)\times 2+8]\times 5+4\}\times 10+4+n-444=10,000m+100t+n$$

여기서 알파벳 $m$은 달, $t$는 날짜, $n$은 나이를 나타낸다. 등식의 좌변은 여

러분이 행한 계산을 순서적으로 보여준 것이고 우변은 이 식을 간단하게 만들면 나오는 식이다.

($10,000m+100t+n$)으로 표시하는 것은 $m$도 $t$도 $n$도 두 자릿수 이상의 수가 나오지 않기 때문이다. 그렇기 때문에 나온 수를 분리하는 것도 두 숫자씩 하는 것이다. 이렇게 둘씩 분리한 수는 처음의 $m$, $t$, $n$이 된다. 여러분도 이 특성을 이용해서 다른 문제를 만들어 보기 바란다.

## 10. 〈즐거운 산수〉

마그니츠키의 《수학》이라는 책의 〈즐거운 산수〉 장에 나온 다음의 마술의 비밀을 알아보자.

어떤 사람에게 돈에 관련 있거나 날짜, 시간, 셀 수 있는 어떤 것과 관련 있는 아무 수나 생각하라고 한다. 예를 들어 여덟 명 가운데 네 번째 사람이 새끼손가락의 두 번째 관절에 보석반지를 끼고 있다고 하자.

마술사가 나타나면 사람들은 "여덟 명(1–8번까지 번호를 매긴다) 가운데 누구의 어떤 손가락 어떤 관절에 보석반지가 있나?" 라고 묻는다.

"그거야 쉽지요. 당신들 가운데 보석반지를 가지고 있는 사람의 번호에 2를 곱하고 거기에 5를 더한 뒤 다시 한 번 5를 곱하고 거기에 보석반지가 있는 손가락 번호를 더하세요. 그리고 10을 곱한 다음에 반지가 있는 마디의 번호를 더해주세요. 그 속에 답이 있습니다."

사람들은 마술사의 지시대로 계산했더니 702가 나왔다. 그러자 마술사는 그 수에서 250을 뺐고 나머지 452가 나왔다. 즉 네 번째 사람 다섯 번째 손가락 두 번째 마디가 답이다.

놀랄 필요가 없다. 이런 식의 수를 가지고 하는 마술은 200년 전에도 있었다. 이러한 마술을 나는 1612년에 프랑스의 수학자 클로드 가스파르 바

그림 10. 마그니츠키의 마술

세 드 메지리아크Bachet de Méziriac(1581-1630) 프랑스의 수학자, 숫자가 들어간 다양한 수수께끼문제의 개척자-옮긴이가 쓴 《재미있고 즐거운 수 문제》에 실려 있는 것을 보았다. 그것은 레오나르도 피자노Leonardo Pisano(1180-1240), 이탈리아의 수학자. 1202년에 쓴 그의 책 《주판에 관한 책》에서 처음으로 아랍의 수학 시스템을 소개하였다-옮긴이의 글에 근거를 두고 있다. 현재 우리가 풀고 있는 여러 가지 수학적인 문제의 뿌리가 고대에 있는 것도 있다는 것을 기억하기 바란다.

그리고 앞의 '9. 생일 맞히기'를 제대로 이해했다면 이 마술의 비밀도 쉽게 이해하리라고 생각하고 설명을 생략하도록 한다.

## 11. 수 맞히기

나는 여러분이 생각한 수를 가지고 계산한 결과를 알아맞혀 보겠다.

0을 제외한 아무 숫자나 생각하고 37로 곱하라. 나온 답을 다시 3으로 곱해서 나온 수의 마지막 숫자를 지워라. 이렇게 만들어진 수를 처음에 생각했던 수로 나누어라. 나머지가 없을 것이다.

난 여러분이 어떤 수를 얻는지 이야기할 수 있다. 나는 이 수를 여러분이 이 책을 읽기 훨씬 전에 적어 놓았다. 여러분은 11이라는 답을 가지고 있다.

다른 마술을 보여주겠다. 두 자릿수를 생각하라. 오른쪽에 한 번 더 그 수를 써라. 이 수를 처음 생각했던 수로 나누어라. 나누기는 나머지 없이 이루어진다. 나온 몫의 모든 숫자를 더하라. 2가 나온다.

맞지 않으면 다시 한 번 정확하게 해봐라. 여러분이 실수했는지 아니면 내가 실수했는지 알아보라. 이 마술은 어떻게 이루어질까?

**풀 이**

여러분은 연습을 충분히 했기 때문에 길게 설명할 필요가 없다고 생각한다. 나는 첫 번째 실험에서 생각한 숫자에 37을 곱하고 다음에 3을 곱하라고 했다. 37×3=111이므로 111로 곱하기를 하면 똑같은 숫자로 이루어진 세 자릿수가 나온다(예를 들어 4×37×3=444). 그 다음은 어떻게 했나? 마지막 숫자를 지워 똑같은 숫자로 이루어진 두 자릿수를 만들었다(44). 물론 그 수는 맨 처음 생각한 숫자로 나누어지고, 몫은 11이다.

두 번째 실험에서 두 자릿수를 두 번 반복해서 썼다. 생각한 수가 29라면 2929라고 썼다. 이는 101을 곱한 수와 마찬가지다(29×101=2929). 내가 그것을 알고 있기 때문에 그러한 네 자릿수를 생각한 수로 나눌 때 101이 나옴을 확신한다. 그러므로 각 자리 숫자의 합은 (1+0+1)=2가 된다.

두 가지의 마술은 111과 101의 특성을 이용했다. 이 두 수의 특성은 〈04. 수의 재미있는 특성〉에서 보다 자세히 살펴보자.

# 뜻밖의 결과

1916년 1차대전이 한창일 때 스위스의 한 신문에 독일과 오스트리아 왕의 운명에 관한 수학적인 예언이 실렸다. '운명' 은 다음과 같은 수로 표시되었다.

그림 11. 빌헬름 2세

태어난 해 ··················1,859
왕이 된 해··················1,888
재위 기간······················ 28
나이 ·························· 57

합························3,832

그림 12. 프랑크 요시프

태어난 해 ··················1,830
왕이 된 해··················1,848
재위 기간······················ 68
나이 ·························· 86

합························3,832

두 계산의 합이 같다는 것은 두 왕의 운명이 같기 때문이다. '이 수는 1916년을 두 배 한 수이며, 1916년은 두 왕이 죽을 해이다' 라는 예언이다. 하지만 이런 계산은 전혀 신비로운 것이 아니다. 단지 더하는 수의 순서를 조금만 바꾸면 왜 합이 1,916의 두 배가 되는지 알 수 있다. 다음의 순서로 수를 만들어보자.

태어난 해
나이
왕이 된 해
재위 기간

태어난 해에 나이를 더하면 당연히 기준이 되는 해가 나온다. 마찬가지로 왕이 된 해에 재위기간을 더하면 기준이 되는 해가 나온다. 그렇기 때문에 위의 네 개를 더한 수는 기준이 되는 해의 두 배가 된다. 그러므로 이 운명적인 수와 왕들의 운명은 전혀 상관이 없다.

이런 사실을 모든 사람들이 알지는 못한다. 수를 가지고 하는 재미있는 마술을 다음과 같이 해보자. 아무에게나 다음과 같은 네 수를 쓰라고 해보라.

태어난 해
학교에 입학한 해(회사에 입사한 해 등)
나이
학교에서 공부한 기간(회사에서 일한 기간 등)

여러분은 이 가운데 아는 수가 하나도 없지만 네 수의 합을 쉽게 맞힐 수 있다. 다만 여러분은 올해 연도를 두 배 하기만 하면 된다. 1936년에 하는 것이라면 답은 항상 3,872이다.

상대방이 눈치채지 못하고 마술을 여러 번 보여주기 위해 몇 가지 산술적인 계산을 더해주면서 숫자를 약간 바꾸면 더욱 흥미 있는 마술이 된다.

# 04

# 수의 재미있는 특성

⚜

수(數)도 사람처럼 자신만의 특성이 있습니다. 우리는 사람들을 보면서는 저 사람이 어떤 성격이다라고 판단을 하면서 수에 대해서는 그런 생각을 하지 않습니다. 수 그 자체만으로 너무 어렵다고 생각하거나 아주 하찮다고 생각하기 때문에 수가 특성을 가지고 있다는 것을 잘 모릅니다.

수는 저마다의 특성을 가지고 있습니다. 이 특성을 알게 되면 마치 어떤 사람의 성격을 미리 파악하고 있다면 그 사람과 친해지기가 쉽듯이 계산을 하는데 아주 훌륭한 도움이 됩니다.

이 장에서는 수의 다양한 특성과 그 특성 때문에 나타나는 계산의 결과들을 보면서 수와 친숙해지도록 해봅시다.

## 1. 진기한 수 전시실

동물의 세계처럼 수의 세계에도 성질이 특이하고 신기하고 희귀한 수가 있다. 특이한 수를 모아 진기한 수 전시실을 만들 수 있을 정도이다. 전시실에서는 나중에 따로 이야기할 거인수뿐만 아니라 평범한 수도 볼 수 있다. 이 평범한 수들은 다른 수와 차이점이 있다. 몇몇 수는 외형만으로도 관심을 일으키기에 충분하지만 몇몇 수는 자세히 살펴보아야 특성을 알 수 있다.

전시실에 있는 수는 애호가들이 좋아하는 비밀을 간직한 특이한 수들과는 전혀 다른 특성이 있다. 프랑스 소설가 빅토르 위고는 비밀을 간직한 특이한 수를 다음과 같이 성의 없이 쓰고 있다.

"3은 완전한 수이다. 수 3을 위한 단위는 원의 지름이다. 다양한 수에서 3은 여러 가지 모양 가운데 원을 의미한다. 수 3은 중심이 있는 유일한 수이다. 다른 수는 중심이 두 개인 타원형이다. 그 때문에 3의 배수인 어떠한 수의 숫자를 다 더한 뒤 3으로 나누면 나머지 없이 나누어지는 유

그림 1. 이 수들은 어떠한 특성이 있을까

일한 수이다."

깊이 숙고한 것처럼 표현했지만 위의 글은 틀렸다. 한 문장도 맞는다고 할 수 없고, 전체적으로 아무 의미 없는 내용이다. 단지 수의 합에 대한 것만이 올바르지만 그것도 수 3의 특성이라 하기에는 힘들다. 10진법에서 수 9는 위와 같은 특성이 있다. 모든 진법에서 단위보다 1이 작은 수는 모두 똑같은 특성이 있다.

우리 전시실의 희귀수는 전혀 다른 수이다. 희귀수에는 비밀스러운 것도 모호함도 없다. 여러분을 전시실에 초대하여 몇몇 수를 소개하겠다.

우리가 잘 아는 특성을 지닌 수들이 모여 있는 첫 번째 전시실부터 살펴보자. 무엇 때문에 수 2가 진기한 수 전시실에 있는지 알 수 있을 것이다. 2가 첫 번째 짝수이기 때문이 아니다.(첫 번째 짝수는 2가 아니라 0이다.) 그것은 아주 특별한 진법이 있기 때문이다. (2장의 '6. 평범하지 않은 수학'

을 보라.)

우리가 좋아하는 수 5가 이곳에 있음에 놀랄 필요가 없다. 모든 수와 값을 둥글게 만들어주기 때문이다.(1장의 '9. 둥근 수'를 보라.) 수 9도 별로 생소하지 않을 것이다. 물론 9가 '불변의 상징' 고대 사람들은 9의 배수인 수의 각 자리 숫자의 합이 9의 배수이기 때문에 9를 불변의 상징으로 여겼다.이기 때문이 아니라 계산한 것을 증명할 수 있기 때문이다(1장의 '10. 나누기는 어려워' 의 II 를 보라).

## 2. 수 12

12에 무슨 특징이 있을까? 이 수는 1년의 달 수이고, 다스의 단위수이다. 다스에 무슨 특징이 있나?

일반 기수법의 확고한 자리를 놓고 수 12가 10과 경쟁했음을 아는 사람은 적다. 고대 동양의 문명 민족, 바빌론인과 그들의 조상, 더 오래된 수메르인들은 12진법을 사용했다. 수 10이 승리했음에도 오늘날 몇 분야에서는 12진법을 사용한다. 유럽 사람들의 다스와 그로스수량을 단위로 1그로스는 12다스, 144개이다(연필이나 볼펜은 현재에도 포장 단위가 6,12,24개로 되어 있다).-옮긴이에 대한 애착, 하루가 2다스의 시간으로 나누어지는 것, 한 시간은 5다스의 분으로 나누어지는 것, 분은 5다스의 초로 나누어지는 것, 원의 각도가 30다스인 것, 1피트가 12인치로 나누어지는 것들이 현대에 영향을 주는 고대의 기수법이다.

12와 10이 싸워서 10이 이긴 것이 좋은 것일까? 물론 수 10의 가장 큰 옹호자는 손가락(살아 있는 계산기) 열 개이다. 하지만 손이 아니었다면 10은 12에게 자리를 빼앗겼을 것이다. 실제로 10진법 계산보다 12진법 계산이 훨씬 더 편하다. 수 10은 2와 5로만 나누어지지만 수 12는 2, 3, 4, 6으로 나누어진다. 즉 10을 나눌 수 있는 수는 두 개지만 12를 나눌 수 있는 수는 네 개이기 때문이다.

12진법 수 가운데 0으로 끝나는 수가 2, 3, 4, 6의 배수라고 상상해보라. $\frac{1}{2}$, $\frac{1}{3}$, $\frac{1}{4}$, $\frac{1}{6}$도 소수점 없는 수라면 나눗셈이 얼마나 쉽겠는가! 12진법 수 가운데 두 개의 영으로 수가 끝나면 나머지 없이 144로 나누어진다. 결과적으로 어떤 수를 곱해서 144로 만들 수 있는 다음과 같은 수로 나눗셈하면 나머지가 없다.

2, 3, 4, 6, 8, 9, 12, 16, 18, 24, 36, 48, 72, 144

즉 10진법에서 두 개의 0으로 끝나는 수를 나눌 수 있는 수는 모두 여덟 개(2, 4, 5, 10, 20, 25, 50, 100)인 데 비해 12진법에서는 열네 개이다. 현재 쓰고 있는 기수법에서는 오직 $\frac{1}{2}$, $\frac{1}{4}$, $\frac{1}{5}$, $\frac{1}{20}$만 유한소수이지만, 12진법에서는 $\frac{1}{2}$, $\frac{1}{3}$, $\frac{1}{4}$, $\frac{1}{6}$, $\frac{1}{7}$, $\frac{1}{8}$, $\frac{1}{12}$, $\frac{1}{16}$, $\frac{1}{18}$, $\frac{1}{24}$, $\frac{1}{36}$, $\frac{1}{48}$, $\frac{1}{72}$, $\frac{1}{144}$처럼 더욱 많은 수가 가능하다. 이들을 소수로 표시하면 다음과 같다.

0.6, 0.4, 0.3, 0.2, 0.16, 0.14, 0.1, 0.09, 0.08, 0.06, 0.04, 0.03, 0.02, 0.01

어떤 기수법으로 수를 표시하느냐에 따라 나눗셈은 매우 복잡해지기도 한다. 자루 안에 있는 호두를 다섯 무더기로 나눌 때 실제적인 내용은 어떤 기수법을 쓰느냐에 전혀 영향을 받지 않는다. 즉 주판에 그 수를 넣거나 그 수를 쓰거나 어떤 방법으로 표현하든 그 양은 전혀 변화 없다.

만약 12진법으로 쓴 수가 6이나 72로 나누어진다면 다른 계산법으로 쓴 경우, 예를 들어 10진법으로 썼더라도 나누어질 수 있다. 차이는 단지 12진법에서 6이나 72로 나눗셈하는 것이 훨씬 쉽다는 것이다(수에 0이 하나나 두 개 있기 때문에). 12진법의 우수성 중 하나는 둥근 수를 10진법에서보다 훨씬 더 자주 만날 수 있다는 것이다. 이런 12진법의 편의성에 모든 수학자가 동의한다는 것은 전혀 놀랄 일이 아니다. 그런데 12진법으로 개혁하기에는 우리는 지나치게 10진법에 익숙해져 있다.

프랑스의 위대한 수학자 라플라스(1749-1827)는 백여 년 전에 "현재 사용하는 기수법은 나누기할 때 많이 사용하는 3이나 4로 나누어지지 않는다. 현재의 기수법에 두 개의 숫자를 더한다면 나누어질 수 있지만, 손가락 계산법을 잃어 난처해지기 때문에 이러한 개혁 시도는 실패할 것이다."라고 했다.

반대로 각도나 분으로 원호를 재는 것은 10진법으로 변했어야 했다. 프랑스에서 그러한 시도를 했지만 실패했다. 바로 라플라스가 이 제안의 열렬한 지지자였다. 그의 유명한 책 《세계의 체계에 대한 해설 (Exposition du systeme du monde)》에서 각도를 재는 데 10진법을 이용하려 했다. 라플라스는 직각을 90도가 아닌 100도로, 1도를 100분으로 나누었다. 그는 시간과 분도 10진법으로 표시했다. "하루는 100시간으로 나

그림 2. 왜 고대 아벨론에서는 12진법을 선호했을까

누고, 한 시간은 100분으로, 1분은 100초로 나누는 동일한 기수법이 필요하다." 라고 했다.

이처럼 다스의 역사는 매우 길다. 그리고 수 12가 '진기한 수 전시실'에 있을 만한 까닭을 알게 되었다. 하지만 이웃인 '악마의 수' 13은 훌륭하기 때문이 아니라 오히려 전혀 훌륭하지 않기 때문에 이곳에 있다.

어떤 수로도 나누어지지 않는 수가 미신을 믿는 인간에게 '무서운 수'가 된 것은 놀랄 일이 아니다. 미신(바빌론 시대에 생긴)이 얼마나 심하게 인간을 지배했는지는 황제가 통치하던 상트페테르부르크에 13번 궤도전차

그림 3. 어떤 수로도 나누어지지 않는 수가 미신을 믿는 인간에게 '무서운 수' 가 된 것은 놀랄 일이 아니다.

가 없고 14번 궤도 전차가 있었다는 것만으로도 충분하다. 정부는 불운한 번호 13번 궤도전차를 대중이 타지 않을 것이라고 판단했다. 더 재미있는 것은 상트페테르부르크의 아파트에는 13호가 없는 곳이 많았다. 호텔에서도 13호실은 찾기 힘들다. 대부분 '12a' 등으로 바꾸었다. 이러한 미신을 극복하기 위해 유럽에서는(영국) '클럽 13' 도 생겼다.

## 3. 수 365

수 365는 무엇보다도 1년의 날짜 수를 나타내는 훌륭한 특성이 있다. 그리고 7로 나누었을 때 나머지가 1이라는 데 있다. 나머지가 1이라는 것은 7일을 한 주기로 하는 달력에 커다란 의미가 있다.

달력과 관계 없는 수 365의 다른 특징은

$$365 = 10 \times 10 + 11 \times 11 + 12 \times 12$$

즉 365는 한 변의 길이가 연속적으로 10, 11, 12인 정사각형 세 개의 넓이이다.

$$10^2 + 11^2 + 12^2 = 100 + 121 + 144 = 365$$

이것이 전부가 아니다. 그 다음에 연속적인 정사각형, 즉 13과 14를 한 변의 길이로 하는 정사각형의 합이다.

$$13^2 + 14^2 = 169 + 196 = 365$$

그림 4. 당신은 수 365의 특성을 알고 있는가

위와 같은 특징에서 다음과 같은 문제가 나왔다.

$$\frac{10^2+11^2+12^2+13^2+14^2}{365}=?$$

이런 수는 '진기한 수 전시실' 에서도 더 이상 보기 힘들다.

## 4. 수 999

다음 진열장에는(그림 5) 지금까지 나온 수 가운데 가장 큰 999가 있다. 이 수는 뒤집어진 666보다도 훨씬 더 놀랍다. 미신을 믿는 사람들은 요한 계시록에 나오는 짐승을 상징하는 수 666을 매우 두려워한다. 하지만 이 수는 다른 수들과 전혀 다를 바 없는 수이다.

수 999의 놀라운 특성은 세 자릿수를 999에 곱하였을 때 빛난다. 이때 여섯 자릿수가 나오는데, 앞의 세 자릿수는 곱하는 수에서 1을 뺀 수와 같고 뒤의 세 자릿수는 999에서 앞의 세 자릿수를 뺀 수와 같다. 예를 들면

$$\begin{array}{rl} & \phantom{=\ }572 \\ 573\times 999 = & \underline{572{,}427} \\ & \phantom{=\ }999 \end{array}$$

이다.

다음 식을 보면 이러한 특성이 어떻게 발생했는지 알 수 있다.

$$573\times 999 = 573\times(1000-1) = \left\{\begin{array}{r} 573{,}000 \\ -\qquad 573 \\ \hline 572{,}427 \end{array}\right.$$

그림 5. 곱하기 아주 쉬운 수

이러한 특성을 안다면 999에 어떤 세 자릿수를 곱해도 순식간에 계산할 수 있다.

$947 \times 999 = 946,053$

$509 \times 999 = 508,491$

$981 \times 999 = 980,019$

마찬가지로 $999 = 9 \times 111 = 3 \times 3 \times 3 \times 37$이기 때문에 37을 곱해서 만든 여섯 자릿수의 표를 번개처럼 빠르게 만들 수 있다. 999의 특성을 모른다면 불가능하다. 한마디로 여러분은 '순간적으로 곱셈과 나눗셈'을 하는 마술을 보여줄 수 있게 된다.

## 5. 세헤레자드의 수

다음 수는 1,001이다. 이 수는 세헤레자드(《천일 야화》의 여주인공으로 왕에게 1,001일 동안 이야기해준다)의 수라고 한다. 여러분은 《천일 야화》라는 제목에 놀라운 비밀이 숨어 있는 것을 몰랐을 것이다. 술탄이 신비한 수에 조금이라도 관심 있었다면 세헤레자드의 이야기만큼이나 이 수가 술탄을 놀라게 하였을 것이다.

무엇이 수 1,001을 놀라운 수로 만드는 것일까? 겉모습은 아주 평범한 수 같다. 어쩌면 '일반적인' 수 그룹에도 끼지 못할 수인 듯하다. 이 수는 7, 11, 13으로 나머지 없이 나누어지며, 그 세 수로 구성되었다. 하지만 $1,001 = 7 \times 11 \times 13$에는 아직 특별한 뭔가가 존재하지 않는다. 이 수

그림 6. 세헤레자드의 수

의 특별함은 세 자릿수를 이 수와 곱하면 두 번 연속해서 곱한 수가 나타난다는 것이다. 예를 들면

$873 \times 1{,}001 = 873{,}873$

$207 \times 1{,}001 = 207{,}207$ 등

이것은 다음과 같은 식에 의해 가능하다.

$873 \times 1{,}001 = 873 \times 1{,}000 + 873 = 873{,}873$

세헤레자드의 수를 사용해 나온 결과는 마술 하듯이 전혀 예상하지 못한 것일 수 있다. 특히 수에 약한 사람은 더더욱 그렇다.

수의 비밀을 잘 모르는 친구들에게 다음과 같은 방법으로 마술을 보여줄 수 있다. 우선 친구 한 명에게 당신이 알 수 없도록 세 자릿수를 쓰라고 한다. 그 수를 한 번 더 쓰게 한다. 그러면 세 자릿수가 반복되는 여섯 자릿수가 나온다. 다음에는 그 또는 그 옆의 친구에게 그 수를 7로 나누게 한다. 이때 당신은 나머지가 없을 것이라고 한다. 나눈 답이 나오면 그 수를 다른 친구에게 넘겨 11로 그 수를 나누라고 한다. 당신은 그 수가 11로 나누어지는지 전혀 알 수 없지만 자신 있게 나머지가 없을 거라고 이야기할 수 있다.

이렇게 해서 나온 답을 다음 친구에게 전해주고 13으로 나누라고 한다. 나눗셈은 마찬가지로 나머지 없이 이루어진다. 당신은 이것을 미리 이야기해야 한다. 이렇게 세 번 나눈 수를 처음 사람에게 전달한다. 그리고 '자! 네가 생각한 수야.' 라고 한다. 당신은 정확하게 수를 맞힐 것이다. 어찌 된 것일까?

**풀 이**

감쪽같은 수 마술은 아주 간단하게 설명할 수 있다. 처음에 한 번 더 세 자릿수를 쓰라 한 것은 바로 1,001을 곱한 것과 마찬가지이다. 즉 7×11×13을 한 것이다. 그렇기 때문에 친구가 쓴 여섯 자릿수는 7, 11, 13으로 나누어진다. 이 세 수(즉 1,001의 인수)로 나눈 결과로 처음의 수가 나오는 것은 당연하다.

마술은 신비성을 유지하기 위해 여러분이 원하는 형태로 바꾸어 보여줄 수도 있다. 당신은 여섯 자릿수가 다음의 곱셈에 따라 생긴 것이라는 것을 알고 있다.

(생각한 수)×7×11×13

그러므로 여섯 자릿수를 처음엔 7로, 다음엔 11로, 마지막엔 생각한 수로 나누라 하면 결과가 13임을 잘 알고 있다.
반복하여 마술을 보여주고 싶으면 순서를 조금 바꾸면 된다. 즉 처음에 11로 다음엔 생각한 수로 그 다음엔 13으로 나누라 하면 값은 7이 나온다. 또는 처음에 13으로 다음에 생각한 수로 그 다음에 7로 나누면 결과는 11이 나온다.

## 6. 수 10,101

1,001 다음 진열장에 10,101(그림 7)이 있는 것은 당연하다. 여러분은 이 수가 어떤 특성이 있는지 짐작할 수 있다.

이 수는 1,001과 마찬가지로 곱셈했을 때 놀라운 결과를 만들어낸다. 단 세 자릿수가 아니라 두 자릿수를 곱할 때에 그렇다. 두 자릿수를

그림 7. 마술 하기 쉬운 수

10,101로 곱하면 결과는 두 자릿수가 세 번 반복된다. 예를 들면

$73 \times 10,101 = 737,373$

$21 \times 10,101 = 212,121$

이유는 다음과 같다.

$$73 \times 10,101 = 73(10,000 + 100 + 1) = \begin{cases} \phantom{+}\ 730,000 \\ \phantom{+ 73}\ 7,300 \\ +\qquad\ \ 73 \\ \hline \phantom{+}\ 737,373 \end{cases}$$

수 10,101로 수 1001로 했던 마술을 보여줄 수 있을까? 그렇다. 오히려 더 많은 형태의 마술을 보여줄 수 있다. 10,101은 네 수의 곱셈으로 이루어져 있기 때문이다.

$$10,101 = 3 \times 7 \times 13 \times 37$$

친구에게 두 자릿수를 생각하라고 한다. 그 옆 친구에게 한 번 더 그 수를 쓰게 한다. 세 번째 친구에게 한 번 더 쓰게 한다. 네 번째 친구에게는 예를 들어 7로 나누라 하고 그 값을 가지고 다섯 번째 친구에게는 3으로 나누라고 한다. 여섯 번째 친구에게는 37로 나누라고 한다. 마지막으로 일곱 번째 친구에게는 13으로 나누라고 한다. 그리고 네 번 나눌 때마다 나머지가 없음을 확인한다. 마지막에 나온 값을 첫 번째 친구에게 전해주라고 한다. 그 수는 그가 생각한 수이다.

이 마술을 반복할 때 몇 가지 방식을 사용할 수 있다. 매번 다른 값으로 나누게 하는 것이다. 즉 네 수

$$3 \times 7 \times 13 \times 37$$

대신에 다음과 같은 수를 만들 수 있다.

$$21 \times 13 \times 37, \quad 7 \times 39 \times 37,$$
$$3 \times 91 \times 37, \quad 7 \times 13 \times 111$$

1,001의 경우처럼 간단하게 순서를 바꾸어 할 수도 있다. 수 10,101은 잘 알려지지 않았지만 세헤레자드의 수보다 더욱 놀라운 수이다. 200년 전에 마그니츠키는 그의 책 《수학》의 〈놀라운 곱셈〉 장에서 10,101의 놀라운 특성을 이야기했다. 이런 놀라운 특성 때문에 충분히 '진기한 수 전시실' 에 넣을 수 있다.

## 7. 수 10,001

큰 성과는 없겠지만 이 수를 가지고 마찬가지로 마술을 할 수 있다. 이 수는 단지 두 소수의 곱셈으로 이루어졌기 때문이다.

$$10{,}001 = 73 \times 137$$

위의 예를 읽은 독자들은 어떻게 마술을 할지 잘 알 것이다.

## 8. 수 111,111

다음 전시실에서(그림 8)는 1 여섯 개로 구성된 새로운 수를 본다. 1,001의 놀라운 특징을 아는 우리는 바로 다음과 같은 특성을 알 수 있다.

$$111{,}111 = 111 \times 1{,}001$$

그리고 $111 = 3 \times 37$이며 1,001은 $7 \times 11 \times 13$이다. 여기서 오직 1로 구성된 수가 소수 다섯 개의 곱셈임을 알 수 있다. 이 다섯 수를 여러 가지로 조합하면서 111,111을 만드는 곱셈 15가지를 만들 수 있다.

$3 \times (7 \times 11 \times 13 \times 37) = 3 \times 37{,}037 = 111{,}111$

$7 \times (3 \times 11 \times 13 \times 37) = 7 \times 15{,}873 = 111{,}111$

$11 \times (3 \times 7 \times 13 \times 37) = 11 \times 10{,}101 = 111{,}111$

$13 \times (3 \times 7 \times 11 \times 37) = 13 \times 8{,}547 = 111{,}111$

$37 \times (3 \times 7 \times 11 \times 13) = 37 \times 3{,}003 = 111{,}111$

$(3 \times 7) \times (11 \times 13 \times 37) = 21 \times 5{,}291 = 111{,}111$

$(3 \times 11) \times (7 \times 13 \times 37) = 33 \times 3{,}367 = 111{,}111$ 등

친구 15명을 앉게 한 다음 각각 다른 조합의 곱셈을 하게 해도 111,111의 답을 구할 수 있다.

1,001과 10,101로 했던 것과 마찬가지로 수 111,111로 마술을 보여줄 수 있다. 친구에게 한자릿수를 생각하라고 하고 그 수를 여섯 번 반복하

그림 8. 복잡한 마술을 할 수 있는 수

게 한다. 여기서는 3, 7, 11, 13, 37 등 다섯 소수를 사용하거나 그 수의 곱셈 조합으로 만든 수, 즉 21, 33, 39 등을 사용하면 된다. 이렇게 하면 다양한 형식으로 마술을 보여줄 수 있다.

1 여섯 개로 만들어진 수 111,111을 보면서 여러분은 이 수의 인수를 이용해서 멋진 마술을 보여줄 수 있다. 다행스럽게도 이런 마술을 좋아하는 사람에게는 마술을 보여줄 수 있는 수는 소수뿐만 아니라 합성수로도 가능하다는 것을 안다.

1 하나로 이루어진 수에서 처음 17개의 수 가운데 소수는 1과 11 두 개뿐이고 나머지는 두 수 이상의 곱셈으로 이루어진 수이다. 1로 이루어진 수 열 개의 구성을 한번 살펴보자.

$$111 = 3 \times 37$$
$$1,111 = 11 \times 101$$
$$11,111 = 41 \times 271$$
$$111,111 = 3 \times 7 \times 11 \times 13 \times 37$$
$$1,111,111 = 239 \times 4,649$$
$$11,111,111 = 11 \times 73 \times 101 \times 137$$
$$111,111,111 = 9 \times 37 \times 333,667$$
$$1,111,111,111 = 11 \times 41 \times 271 \times 9,091$$
$$11,111,111,111 = 21,649 \times 513,239$$
$$111,111,111,111 = 3 \times 7 \times 11 \times 13 \times 37 \times 101 \times 9,901$$

이렇게 나열된 수에서 마술을 보여주기 편한 수는 많지 않다. 몇 개는 오히려 구조가 더 복잡하다. 하지만 1이 세 개, 네 개, 다섯 개, 여섯 개, 여덟 개, 아홉 개, 열두 개로 만들어진 수는 사용하기에 편리하다.

## 9. 수로 만들어진 피라미드

다음 진열장에는 전혀 다른 특이한 형태의 수가 있다. 이것은 수로 만들어진 피라미드이다. 그 가운데 하나를 가까이에서 살펴보자

I. 제1피라미드

첫 번째 피라미드(그림 9)의 곱셈 특성은 무엇일까? 이 이상한 법칙을

알기 위해서 피라미드를 구성하는 곱셈 식에서 중간의 하나를 보자

$$123{,}456 \times 9 + 7$$

이때 9 대신 (10−1)을 넣을 수 있다, 즉 0을 하나 더 써주고 곱하는 수를 뺀다

$$123{,}456 \times 9 + 7 = 1{,}234{,}560 + 7 - 123{,}456 = \left\{ \begin{array}{r} 1{,}234{,}567 \\ -\quad 123{,}456 \\ \hline 1{,}111{,}111 \end{array} \right.$$

마지막에 있는 계산을 보는 것으로 왜 1만 있는 답이 나오는지 알 수 있다. 이것을 다른 방식으로 설명할 수도 있다. 12,345…… 형식의 수가 11,111…… 형식의 수로 바뀌기 위해서는 두 번째 숫자에서 1을, 세 번째 숫자에서 2를, 네 번째 숫자에서 3을, 다섯 번째 숫자에서 4를 빼면 된

그림 9. 제1피라미드

다. 다시 말해 마찬가지 형식의 숫자인 12,345……에서 마지막 숫자를 뺀 수를 앞의 수에서 빼면 된다. 즉 $\frac{1}{10}$로 수를 줄이고 마지막 숫자를 빼면 된다.

이렇게 해서 답을 구하려면 10을 곱한 다음에 그 수의 마지막 숫자 다음에 오는 수를 더한 뒤 처음의 수를 빼면 됨을 알 수 있다.(10을 곱한 다음 곱한 수를 빼면 9를 곱하는 것과 같다.)

II. 제2피라미드

마찬가지로 이루어진 다음의 피라미드(그림 10)는 각 줄을 8로 곱한 다음 곱하는 수의 마지막 숫자의 수를 더한 것이다. 특히 피라미드의 마지막 줄은 매우 재미있다. 그곳에는 8을 곱한 다음 9를 더하니 숫자의 연속이 처음에 곱하는 수와 반대이다.

이 현상을 설명하자. 다음과 같은 방식으로 설명 가능하다.

그림 10. 제2피라미드

$$12,345\times 8+5=\left\{\begin{array}{c} 12,345\times 9+6 \\ -(12,345\times 1+1) \end{array}\right\} = \left\{\begin{array}{r} 111,111 \\ -\ \ 12,346 \end{array}\right.$$

왜 12,345×9+6이 111,111인지는 앞의 수 피라미드에서 살펴 보았다.

즉 12,345×8+5=111,111−12,346이다. 계산을 하면 숫자가 줄어드는 수인 98,765로 바뀌는 것을 알 수 있다.

III. 제3피라미드

세 번째의 피라미드(그림 11)도 마찬가지로 설명 할 수 있다. 이 피라미드는 위의 두 피라미드에서부터 나왔다. 이 피라미드의 내부 관계는 매우 간단하다. 첫 번째 피라미드에서 다음과 같은 것을 안다.

$$12,345\times 9+6=111,111$$

양변을 8로 곱하면

그림 11. 제3피라미드

$$(12,345 \times 8 \times 9) + (6 \times 8) = 888,888$$

두 번째 피라미드에서 다음과 같은 것을 안다.

$$12,345 \times 8 + 5 = 98,765$$

또는 $12,345 \times 8 = 98,760$

그래서

$$888,888 = (12,345 \times 8 \times 9) + (6 \times 8) =$$
$$(98,760 \times 9) + 48 = (98,760 \times 9) + (5 \times 9) + 3 =$$
$$(98,760 + 5) \times 9 + 3 = 98,765 \times 9 + 3$$

이다.

여러분은 수로 만들어진 이들 피라미드가 첫인상처럼 어려운 피라미드가 아님을 알았다. 하지만 대부분은 풀지 못할 이상한 피라미드라고 생각한다. 나는 독일 신문에서 '이런 놀라운 원칙은 지금까지 그 누구도 알아맞히지 못했을 것이다……' 라는 기사를 본 적 있다.

## 10. 아홉 개가 같은 수

앞에서 본 피라미드(그림 9)의 마지막 줄은 다음과 같다.

$$12,345,678 \times 9 + 9 = 111,111,111$$

위의 수는 전시실의 한쪽을 차지하는 다음의 그룹과 함께 있다.

$12,345,679 \times 9 = 111,111,111$

$12,345,679 \times 18 = 222,222,222$

$12,345,679 \times 27 = 333,333,333$

$12,345,679 \times 36 = 444,444,444$

$12,345,679 \times 45 = 555,555,555$

$12,345,679 \times 54 = 666,666,666$

$12,345,679 \times 63 = 777,777,777$

$12,345,679 \times 72 = 888,888,888$

$12,345,679 \times 81 = 999,999,999$

어떻게 이런 규칙적인 수가 나올까?
아래의 예제를 잘 보기 바란다.

$$12,345,678 \times 9 + 9 = (12,345,678 + 1) \times 9 = 12,345,679 \times 9$$

때문에

$$12,345,679 \times 9 = 111,111,111$$

여기서 다음의 수가 나온다.

$12,345,679 \times 9 \times 2 = 222,222,222$

$12,345,679 \times 9 \times 3 = 333,333,333$

$12,345,679 \times 9 \times 4 = 444,444,444$

## 11. 숫자로 된 계단

111,111,111의 제곱은 어떨지 궁금하다. 매우 색다른 수일 것이다. 어떤 모양일까? 여러분이 수를 정확하게 파악하고 있다면 책을 넘길 필요도 없이 머릿속에 그림이 그려진다. 적당하게 자리매김을 한 뒤 더해주기만 하면 된다. 이 계산에서의 곱하기는 1곱하기 1만 하면 되기 때문에 세 살 아이도 할 수 있는 계산이다. '2장 '6. 평범하지 않은 수학' 에서 2진법 곱셈을 했다. 2진법의 특수성과 우수성을 다시 한 번 보게 된다. 다음은 바로 위의 수를 제곱한 것이다(곱셈이면서도 곱셈이 전혀 필요하지 않다).

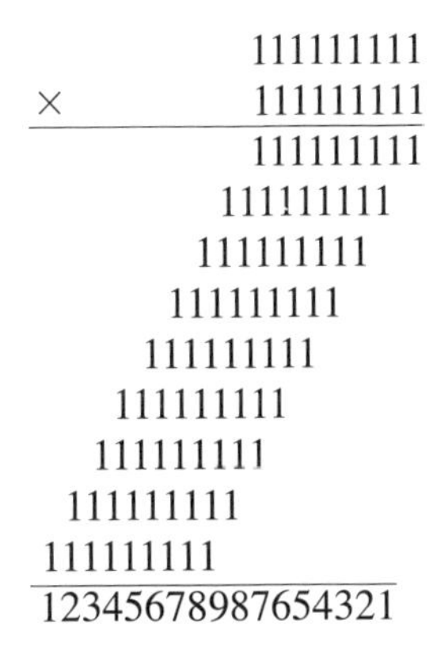

```
            111111111
×           111111111
---------------------
            111111111
           111111111
          111111111
         111111111
        111111111
       111111111
      111111111
     111111111
    111111111
---------------------
    12345678987654321
```

중앙을 중심으로 대칭되는 수가 만들어진다.

희귀한 수에 싫증을 느꼈다면 다음 장으로 가도 된다. 그곳에는 빠른계산과 근사값 그리고 거인수와 난쟁이수가 있다. 그러한 사람은 이 장을 더 보지 않고 다음 장으로 넘어갈 수 있다. 하지만 계속해서 놀라운 수의 세계를 더 보고 싶은 사람은 나와 함께 옆 진열대로 가자.

앞으로 이야기하는 희귀한 수를 분석하기 위해서는 무한 소수를 알아야 한다. 무한소수를 모르는 사람은 다음의 10진법의 분수를 살펴보면 된다.

$$\frac{1}{4},\ \frac{1}{8},\ \frac{1}{3},\ \frac{1}{11}$$

앞의 두 수는 유한소수로 나타낼 수 있다.

$$\frac{1}{4}=0.25,\qquad \frac{1}{8}=0.125$$

하지만 그 다음의 수를 소수로 만들려면 계속해서 어떤 수가 반복되는 끝이 없는 무한 소수가 만들어진다.

$$\frac{1}{3}=0.3333\cdots\cdots,\ \frac{1}{11}=0.090909090\cdots\cdots$$

이렇게 반복되는 수를 '순환 소수' 라 하고 반복되는 부분을 순환절이라고 한다.

## 12. 마술 원판

진열장에 있는 이 원판은 도대체 무엇에 쓰는 물건일까? 중심이 하나인 원 세 개가 있다(그림 12). 각 원에는 숫자 여섯 개가 같은 순서로 씌어 있다. 그 수는 142,857이다. 원의 놀라운 특성은 다음과 같다. 원 위에 씌어 있는 수를 두 개 더하면(시계방향으로 아무 숫자에서 시작해도) 합은 똑같은 여섯 자릿수가 나온다. 다만 조금씩 자리를 움직였을 뿐이다.

무슨 말인지 살펴보자. 예를 들어 바깥 원에서부터 두 개의 수를 더해 보자. 화살표가 있는 곳에서 시작하면

$$\begin{array}{r} 142,857 \\ +\ 428,571 \\ \hline 571,428 \end{array}$$

즉 수 142,857이 나오는데, 다만 5와 7이 앞쪽으로 옮겨갔을 뿐이다.

원판이 약간 돌아 다른 모습일 때의 원판(그림 13)을 보면 다음과 같다.

$$\begin{array}{r} 285,714 \\ +\ 571,428 \\ \hline 857,142 \end{array} \qquad \begin{array}{r} 714,285 \\ +\ 142,857 \\ \hline 857,142 \end{array}$$

그림 12. 마술 원판

예외는 다음과 같이 999,999가 나올 때이다(그림 14).

$$\begin{array}{r} 285{,}714 \\ +\quad 714{,}285 \\ \hline 999{,}999 \end{array}$$

(이것이 위에 나온 규칙에 위배되는 이유는 끝까지 읽으면 알 수 있다.)

이뿐만 아니라 뺄셈을 해도 결과는 똑같다. 예를 들면 다음과 같다.

$$\begin{array}{r} 428{,}571 \\ -\quad 142{,}857 \\ \hline 258{,}714 \end{array} \qquad \begin{array}{r} 571{,}428 \\ -\quad 285{,}714 \\ \hline 285{,}714 \end{array} \qquad \begin{array}{r} 714{,}285 \\ -\quad 142{,}857 \\ \hline 571{,}428 \end{array}$$

예외는 순서가 똑같은 수를 뺄 때이다. 물론 그럴 때는 영이 된다. 이것이 전부가 아니다. 142,857에 2, 3, 4, 5, 6을 곱하면 순서가 한두 개 바뀌긴 하지만 마찬가지 조합의 수가 나온다.

그림 13. 마술 원판을 돌려 시작하는 숫자를 바꾸었다

142,857 × 2 = 285,714

142,857 × 3 = 428,571

142,857 × 4 = 571,428

142,857 × 5 = 714,285

142,857 × 6 = 857,142

어떤 특성이 있는 것일까?

그림 14. 합이 999,999인 예외가 있다

**풀 이**

위의 곱셈에서 한 칸을 더 늘려 7을 곱하면 999,999가 나온다. 즉 142,857은 999,999의 7분의 1이다. 분수로 나타내면

$$\frac{142,857}{999,999}=\frac{1}{7}$$

십진법에서 $\frac{1}{7}$을 소수로 나타내면 다음과 같다.

$1 \div 7 = 0.142857\cdots\cdots$, 즉 $\frac{1}{7}=0.\dot{1}\dot{4}\dot{2}\dot{8}\dot{5}\dot{7}$

```
 10
   30
     20
       60
         40
           50
             1
```

이 수는 $\frac{1}{7}$을 10진법 소수로 나타냈을 때 순환절에 해당하기 때문에 두 배 하거나 세 배를 해도 수의 조합이 똑같다. 이 수를 두 배 하는 것은 $\frac{2}{7}$를

하는 것과 같기 때문에 $\frac{1}{7}$이 아닌 $\frac{2}{7}$를 10진법으로 나타낸 수가 나온다. $\frac{2}{7}$를 10진법 소수로 나타내면 $\frac{1}{7}$을 10진법으로 바꾸었을 때 나오는 나머지와 똑같다. 순서가 반복되지만 처음의 수가 달라질 뿐이다. 다시 말해 똑같은 순환절이 나타나지만 앞의 숫자가 뒤로 간다.

3, 4, 5, 6, 즉 나머지로 나올 수 있는 모든 수를 곱해도 같은 답이 나온다. 7을 곱하면 1이 나오는데, 이것은 0.9999……와 같은 수이다.

원판 위의 수 142,857이 순환절이기 때문에 그렇다.

실제로 원판을 돌려 시작하는 숫자를 바꾸면 142,857을 2, 3, 4로 곱한 수와 같게 된다. 마찬가지로 모든 덧셈, 뺄셈은 분수 $\frac{1}{7}$, $\frac{2}{7}$, $\frac{3}{7}$, $\frac{4}{7}$ 의 덧셈, 뺄셈과 같다. 결과적으로 수열 142,857을 회전한 숫자를 얻는다. 여기서 7이 분모일 때 그 분수가 1 또는 1보다 큰 수를 더하는 경우가 예외임을 기억해야 한다. 마지막의 경우 위와 같은 답이 나오지 않지만 거의 비슷한 답이 나옴을 알 수 있다.

수 142,857을 7보다 큰 8, 9 등으로 곱셈을 해보자. 8을 곱하는 방식은 다음과 같다. 7을 곱한 다음에(즉 999,999에) 142,857을 더하면 된다.

$142,857 \times 8 = 142,857 \times 7 + 142,857 =$

$999,999 + 142,857 = 1,000,000 - 1 + 142,957 =$

$1,000,000 + (142,857 - 1)$

결과적으로 142,857과 다른 1,142,856이 나온다. 이것은 앞에 1이 더 있고 마지막 수에서는 1을 뺀 것과 같다. 이런 비슷한 수는 7이상의 수를 142,857에 곱했을 때에도 마찬가지의 답을 얻는다.

142,857×8=(142,857×7)+142,857=1,142,857

142,857×9=(142,857×7)+(142,857×2)=1,285,713

142,857×10=(142,857×7)+(142,857×3)=1,428,570

142,857×16=(142,857×7×2)+(142,857×2)=2,285,712

142,857×39=(142,857×7×5)+(142,857×4)=5,571,423

위 식의 법칙은 다음과 같다. 142,857을 7보다 큰 수로 곱할 때엔 그 수를 7로 나눈 다음 나머지로 곱셈을 한 뒤, 첫 자리 숫자 앞에 7로 나누었을 때의 몫을 써주고 전체 수에서 몫만큼의 수를 뺀다. 7의 배수로 곱셈을 하면 999,999에 7의 배수 안의 7의 숫자를 곱하면 된다. 머릿속에서 쉽게 계산할 수 있다. 예를 들면 142,857 x 28=999,999 x 4=4,000,000 −4=3,999,996

예를 들어 142,857에 86을 곱하려 한다. 이럴 경우 우선 86을 7로 나누면 몫은 12이고 나머지는 2이므로 이 곱셈은 다음과 같다.

12,285,714−12=12,285,702

142,857×365를 한다면 365 안에 7이 52개 있고 나머지는 1이므로

52,142,857−52=52,142,805

이런 법칙을 이해하고 2와 6으로 곱했을 때의 값(이것은 어렵지 않다. 어떤 수로 시작하는지만 기억하면 되니까)을 기억한다면 정말 순식간에 여섯 자릿수의 곱셈을 할 수 있다. 이 놀라운 수를 기억하기 위해서는 이 수가 $\frac{1}{7}$에서 나온 수임을 기억하면 된다. 또는 $\frac{2}{14}$를 기억하면 되는데, 앞자리인 142를 나타내기 때문이다. 그리고 나머지 수는 999에서 이 수를 빼면 된다.

$$\begin{array}{r} 999 \\ -\quad 142,857 \\ \hline 857 \end{array}$$

이미 이런 수에 대해서 잘 알고 있다. 수 999에 대해서 알아볼 때 이미 그 특성을 이해했다. 기억을 더듬어 살펴보면 수 142,857은 143을 999로 곱하면 나오는 수이다.

$$142,857=143\times 999$$

그리고 $143=13\times 11$이다. 여기서 1001을 기억하자. 이 수는 $7\times 11\times 13$이었다. 때문에 사실 계산을 해보지 않고도 $142,857\times 7$을 알 수 있다.

$$142,857\times 7=143\times 999\times 7=999\times 11\times 13\times 7=999\times 1001=999,999$$

(위와 같은 식은 머릿속으로 충분히 계산할 수 있다.)

수의 순환

# 놀라운 수의 가족

앞에서 살펴본 수 142,857은 비슷한 성격을 지닌 많은 수 가운데 하나이다. 여기 비슷한 수 0,588,235,294,117,647(앞의 영은 반드시 필요하다)가 있다. 만약 이 수를 곱하면, 예를 들어 4를 곱하면 마찬가지의 수를 얻는데 이때 처음의 네 숫자가 뒤로 간다.

$$0,588,235,294,117,647 \times 4 = 2,352,941,176,470,588$$

이 수를 앞에서처럼 원판에 쓰고(그림 15) 두 개 원의 수를 더하면 마찬가

그림 15. 놀라운 수가 하나 더 있다

지의 답을 얻는다. 다만 숫자의 순서는 그대로이고 위치만 바뀔 뿐이다.

$$
\begin{array}{rr}
 & 0{,}588{,}235{,}294{,}117{,}647 \\
+ & 2{,}352{,}941{,}176{,}470{,}588 \\
\hline
 & 2{,}941{,}176{,}470{,}588{,}235
\end{array}
$$

이 경우에도 원으로 연결되어 있는 세 수는 숫자 나열이 똑같다. 뺄셈을 해도 마찬가지 수가 나온다.

$$
\begin{array}{rr}
 & 2{,}352{,}941{,}176{,}470{,}588 \\
- & 0{,}588{,}235{,}294{,}117{,}647 \\
\hline
 & 1{,}764{,}705{,}882{,}352{,}941
\end{array}
$$

그리고 이 수는 앞에서 본 것처럼 두 부분으로 되어 있다. 즉 처음부터 중간까지의 수에 중간부터 끝까지의 수를 더하면 9가 나온다. 왜 이러한 특성이 있는지 알아맞혀 보자.

숫자 142,857과 비슷한 계열인 이 수가 어떤 원칙으로 만들어졌는지 알아내는 것은 그리 어려운 일이 아니다. 수 142,857이 $\frac{1}{7}$을 소수로 만들었을 때 순환절에 해당함을 알듯이 위의 수는 어떤 분수의 순환절에 해당한다.

위의 긴 수는 바로 $\frac{1}{17}$을 10진법 소수로 만들었을 때 나오는 무한소수의 순환절이다.

$$\frac{1}{17}=0.\dot{0}\dot{5}\dot{8}\dot{8}\dot{2}\dot{3}\dot{5}\dot{2}\dot{9}\dot{4}\dot{1}\dot{1}\dot{7}\dot{6}\dot{4}\dot{7}$$

이 때문에 1부터 16까지 어느 수로 곱하더라도 단지 앞의 숫자들이 뒤로 가는 똑같은 수가 나온다. 반대로 하나 또는 몇 숫자를 앞에서 뒤로 옮기면 간단하게 곱셈(1에서 16까지)을 할 수 있다. 두 원의 수에서 하나를 이동시켜 더했을 경우 곱해진 두 수를 더하게 되는 것이다. 예를 들어 3을 곱한 뒤 10을 곱해도 마찬가지로 원판의 숫자를 갖는 수가 된다. 왜냐하면 3+10(즉 13)을 곱하는 것은 단지 수의 순서를 앞뒤로 바꾸기 때문에 숫자가 전혀 변하지 않은 것처럼 되기 때문이다.

하지만 몇몇의 경우에는 전혀 틀린 답이 나오기도 한다. 회전한 원판이 여섯 배와 열다섯 배를 한 수가 나왔을 경우, 즉 곱하기는 6+15(즉 21)을 한 것이 되기 때문이다. 그렇기 때문에 17보다 작은 수를 곱했을 때와 이 경우는 서로 다른 답이 나올 것임을 알고 있다.

실제로 우리의 수는 $\frac{1}{17}$의 순환절에 해당하기 때문에 17을 곱하면 9가 16개 생김을 안다(즉 순환절 숫자의 수만큼). 또는 1과 17개의 0−1이 된다. 그렇기 때문에 21(즉 4+17)을 곱하면 4를 곱한 수와 그 앞에 1이 붙고 끝에서 1을 뺀 수가 나온다는 것을 안다. 네 배를 한 수는 $\frac{4}{17}$를 소수로 만들었을 때 나오는 순환절이다

4÷17=0.23……
40
 60
  9

나머지 숫자는 5294……로 됨을 알고 있다. 그러므로 21을 곱한 수는

2,352,941,176,470,587

원판의 수를 같은 수만큼 더하면 마찬가지의 답이 나온다. 뺄셈에서는 위와 같은 방법으로 계산하면 안된다.

이상에서 살펴본 수와 특성이 같은 수는 수없이 많다. 이들은 한 가족처럼 하나의 뿌리를 두고 있는데. 그것은 분수가 10의 순환소수로 바뀐 것이다. 하지만 모든 10진법의 순환 소수의 순환절이 위와 같이 곱셈할 때 수의 위치만 바뀌는 특성이 있지는 않다. 이론을 이야기하면 길다. 하지만 다음과 같이 규정할 수 있다. 즉 분모의 수보다 하나 더 작은 수의 숫자를 순환절로 가지는 순환 소수만이 위와 같은 특성을 가지고 있다.

$\frac{1}{7}$ 은 순환절의 숫자가 6개

$\frac{1}{17}$ 은 순환절의 숫자가 16개

$\frac{1}{19}$ 는 순환절의 숫자가 18개

$\frac{1}{23}$ 은 순환절의 숫자가 22개

$\frac{1}{29}$ 는 순환절의 숫자가 28개

위와 같은 조건이 갖추어지지 않은 순환절을 가지고 있는 수는 우리 가족에 들어올 수 없다. 예를 들어 $\frac{1}{13}$ 은 순환절의 숫자가 여섯 개(열두 개가 아니라)이다. 그것은

$$\frac{1}{13} = 0.\dot{0}\dot{7}\dot{6}\dot{9}\dot{2}\dot{3}$$

이 수를 2로 곱하면 전혀 다른 수가 나온다.

$$\frac{2}{13} = 0.\dot{1}\dot{5}\dot{3}\dot{8}\dot{4}\dot{6}$$

왜 그럴까? 1을 13으로 나누었을 때 나오는 나머지 가운데 수 2가 없기 때문이다. 1을 13으로 나누었을 때 나오는 나머지의 개수는 위 순환절에 나오는 숫자와 같이 여섯 개 뿐이다. 분수 $\frac{1}{13}$에는 서로 다른 곱하는 수 12개를 만들 수 있다. 결국 순환절이 여섯 개 있기 때문에 이들 12개의 수가 다 나올 수 없다.

1, 3, 4, 9, 10, 12를 곱해보면 쉽게 이해할 수 있다. 이들 여섯 숫자를 곱하면 순서는 그대로 유지한 채 앞뒤만 바뀐 수가 나온다(076,923×3=230,769). 하지만 그 밖의 수는 그렇지 않다. 그래서 $\frac{1}{13}$은 '마술 원판'을 부분적으로만 만족시킨다.

# 05

# 빠른 계산과 근사값

⚜

혹시 여러분들은 텔레비전에서 계산을 빨리 하는 사람들을 본 적이 있나요? 그 사람들 대부분은 주산을 하는 사람들일 것입니다. 머릿속에 주판을 그려 넣고 수들을 계산하는 방법으로 그들의 계산이 이루어집니다. 이렇듯 머릿속에 주판을 그려 넣는 것은 마치 계산기를 머릿속에 넣어 두는 것과 같습니다. 하지만 그 외에도 몇몇 뛰어난 사람들은 뛰어난 암기력을 이용해서 계산을 하기도 합니다.

하지만 평범한 우리들도 뛰어난 계산가가 될 수 있습니다. 그것은 몇 가지 법칙과 방법을 알면 가능한 것입니다.

이 장에서는 여러분들이 뛰어난 계산가가 되기 위한 방법을 알려드립니다. 이 장을 잘 읽고 난다면 여러분들은 텔레비전에 나와 계산을 하는 사람들을 별로 대수롭지 않게 생각하게 될 것입니다.

## 1. 실제와 허상

사람들은 유명한 '수의 마술사' R.S. 아라고R. S. Arago(1883-1947) 러시아의 수학자, 마술사의 공연을 보고는 경탄했다. 마술이라기보다는 초능력이었다. 그는 관객들 앞에서 4,729의 세제곱 값을 1분도 안 돼 계산했다(결과는 105,756,712,489). 그가 679,321×887,064를 계산하는 데는 1분 30초가 필요하였다.

나는 아라고가 계산하는 모습을 공연장뿐만 아니라 그의 집에서 개인적으로 보았다. 나는 그가 어떠한 숨겨진 계산 공식을 쓰는 것이 아니라 종이 위에 계산하듯 머릿속에서 계산한다는 것을 알았다. 그의 놀랄만한 기억력은 계산 중에 나오는 모든 수를 기억하고, 우리가 두 자릿수를 한 자릿수와 곱할 때 머릿속에서 하듯이, 모든 과정을 머릿속에서 시행했다. 어쩌면 그는 우리가 세 자릿수를 곱셈하는 것보다 여섯 자릿수의 곱셈을 훨씬 쉽게 느꼈을 것이다.

이런 사람들, 즉 러시아의 아라고나 유럽의 계산 달인인 이노지, 지아

만지, 류클, 브라운 같은 사람은 손가락으로 셀 정도이다. 하지만 이런 이와 구별되는 수학적 계산 능력을 지닌 사람을 자주 볼 수 있다. 여러분은 '천재적인 능력의 계산가' 공연을 본 적이 있는가? 그는 놀랄만한 속도로 여러분이 몇 월 몇 일 무슨 요일에 태어났는지 알아맞히지만 '마술'을 보여주기 위해서는 위와 같은 계산 능력이 거의 필요하지 않다. 이러한 능력을 보여주기 위해서는 다음에 볼 몇 가지 비밀을 알면 된다.

## 2. 수 잘 기억하기

계산을 빨리 하려면 무엇보다도 수 기억력이 뛰어나야 한다. '수의 마술사' 들의 뛰어난 기억력이 어느 정도인지 알아보자. 독일의 유명한 수의 마술사 류클은 숫자 504개로 이루어진 수를 35분 만에 기억했으며, 같은 나라의 브라운 박사는 13분 만에 숫자 504개를 외워서 기록을 깼다.

물론 그러한 놀라운 능력을 지닌 사람은 몇 사람 되지 않는다. 무대에서 놀라운 계산 능력을 보여주는 사람은 타고난 능력이 없지만 자신만의 특별한 방법으로 수를 기억한다(이런 능력을 기억술이라 한다).

그림 1. 어떻게 전화번호를 외울까

우리는 일상 생활에서 다양한 기억술을 사용한다. 대부분은 그렇게 효과를 보지 못한다. 예를 들어 전화번호 49-25를 쉽게 기억하기 위해 두 수의 제곱이라고 기억한다.

$$49=7^2,\ 25=5^2$$

하지만 정작 이 수를 기억해야 할 때 일련의 다른 수와 헷갈린다. 예를 들어

16-25, 36-64, 25-16, 64-16, 81-25 등

이런 실패는 다른 경우에도 마찬가지이다. 전화번호 17-53을 '처음 두 숫자의 합(1+7)은 나중 두 숫자의 합(5+3)과 같다' 라고 기억한다. 하지만 앞의 경우와 크게 다르지 않다. 게다가 누구의 번호인지, 어떤 숫자의 조합이 맞는 것인지도 기억해야 한다. 인간들이 수를 기억하기 위해 헛수고를 얼마나 많이 하는지 알게 될 뿐이다.

이런 모습을 비웃으며 체코의 작가 야로슬라프 가세크(1883-1923)는 소설《용감한 병사 쉬베이크의 모험》에서 다음과 같이 묘사한다.

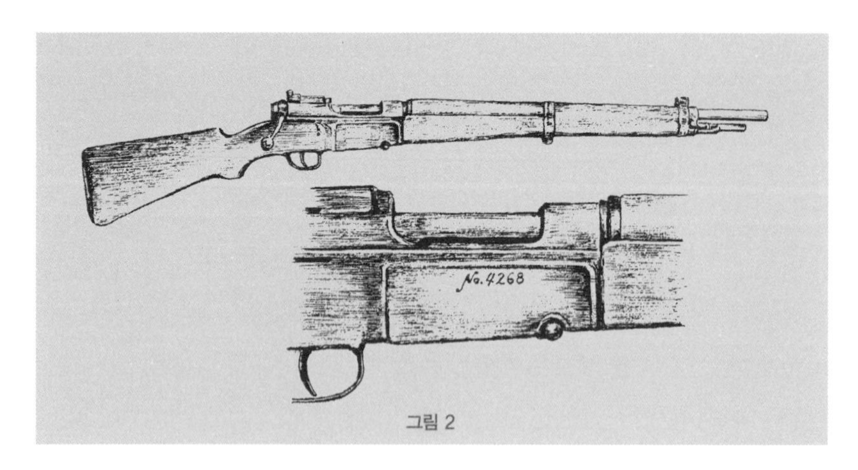

그림 2

쉬베이크는 자기 총번을 한참 쳐다보더니 마침내 입을 열었다.

"4268번이라. 이 번호는 페치(헝가리의 도시) 역의 16번 플랫폼에 있던 기관차 번호였지. 이 기관차를 수리하러 리스로 보내야 했어. 그런데 쉬운 일이 아니었어. 왜냐하면 기관차를 몰 기관사는 수 기억력이 전혀 없었지. 그때 팀장이 그를 사무실로 불렀어.

플랫폼에 4268번 기관차가 서 있네. 자네가 수 기억력이 없다는 것 잘 아네. 종이에 번호를 써주면 종이를 잃어버리겠지. 그렇게 수 기억력이 없다면 내 이야기하는 것을 잘 듣게, 그러면 수 기억에 도움이 될 거네. 자네가 기지로 끌고 갈 기관차는 4268번이네. 명심하게. 첫 번째 숫자는 4, 두 번째 숫자는 2네, 42를 이런 식으로 기억하게. 2 곱하기 2는 4. 이것이 첫 번째 숫자이고 그것을 반으로 나누면 2가 나오는데 이런 식으로 4와 2가 같이 있는거네. 다음은 더 쉽지. 2 곱하기 4는 몇인가? 8이지. 아닌가? 이렇게 자네 기억 속에 꼭 넣게. 즉 8은 마지막 번호일세. 자 이제 첫 번째 숫자는 4, 두 번째는 2, 마지막 숫자는 8임을 알았네. 이제 8 앞

그림 3

에 있는 숫자 6을 기억할 차례네. 이건 더 쉽지. 첫 번째 숫자가 4, 두 번째가 2이니 둘을 합치면 6이지. 좀더 쉽게 해볼까? 이렇게 6을 기억하게. 8에서 2를 빼면 6이 나오고, 6에서 2를 빼면 4가 나오지. 이렇게 4와 68이 나왔지. 이 두 숫자 사이에 숫자 2를 넣기만 하면 4268이 나오네. 다른 방법도 아주 간단하지. 곱셈으로 하는 것인데. 42 곱하기 2는 84이네. 1년은 12달이고. 그래서 84에서 12를 빼면 72가 나오지. 여기서 다시 한 번 12달을 빼면 60이 나오지. 이렇게 해서 6이 나왔네. 여기서 0은 버리게나. 그러니까 42-6-84라 쓰고 마지막 숫자 4를 없애면 4268이 되지. 그 번호는 자네가 몰고 갈 기관차 번호일세.'
라고 말했어"

하지만 '수의 마술사' 들은 이렇게 어렵게 외우지 않는다. 아래의 것은 여러분에게도 유용한 방법이라 믿는다.

'수의 마술사' 들은 숫자와 자음을 연결했다.

| 숫자 | 0 | 1 | 2 | 3 | 4 | 5 | 6 | 7 | 8 | 9 |
|---|---|---|---|---|---|---|---|---|---|---|
| 자음 | N | G | D | K | C | P | H | S | V | R |
| | | J | T | X | Z | B | L | Q | F | M |

숫자는 자음만으로 연결되어 있다. 그러므로 모음을 써서 단어를 만들 수 있다. 예를 들면

| 숫자 | 단어 | 숫자 | 단어 | 숫자 | 단어 |
|---|---|---|---|---|---|
| 1 | GO | 4 | ZOO | 7 | SEE |
| 2 | DO | 5 | BEE | 8 | FA |
| 3 | KEY | 6 | HI | 9 | RIO |

마찬가지로 두 자릿수의 숫자를 단어로 만들 수 있다.

| | |
|---|---|
| 11－GOGO | 14－GOZI |
| 12－GOD | 15－JAZ |
| 13－JAKE | 16－GOLE |

등등.

예를 들어 2,549를 기억하기 위해 '수의 마술사'는 숫자에 연결된 자모로 단어를 만든다.

| 2 | 5 | 4 | 9 |
|---|---|---|---|
| D | P | C | R |
| T | B | Z | M |

| 25 | 49 |
|---|---|
| TOP | ZERO |

'TOP'과 'ZERO'는 기억하기 쉬울 뿐만 아니라 성이나 회사 등과 연결해 훨씬 더 쉽게 기억할 수 있게 한다.

이러한 방식을 '수의 마술사'들은 사용하였다.

## 3. 며칠 살았죠

다른 방식도 알아보자.

"난 몇 살인데. 며칠이나 산 거죠?"

객석에서 누군가가 물어보자 무대에서는 바로 답이 나왔다.

"내 나이가 몇 살이라면 몇 초를 산 거죠?"

다른 사람이 물어보자 바로 또 답이 나왔다.

과연 가능할까? 어떤 식으로 계산했을까?

**풀 이**

나이를 가지고 날수를 맞추기 위해 '수의 마술사'는 나이를 반으로 나눈 다음 73을 곱한다. 그리고 영을 써주면 바로 날수가 나온다. 730=365×2를 안다면 금방 이해된다. 내가 24살이라면 12×73=876이며 여기에 영을 더하면 8,760이다. 73을 곱하는 것은 앞에서 말했듯이 전체 곱셈을 쉽게 만든다.

윤년일 때에는 윤년의 하루가 빠졌기 때문에 며칠을 더해야 한다. 위의 예에서 24÷4=6이므로 전체 수에 6을 더한 수 8,766일이 된다.

위의 방식은 곱셈을 훨씬 더 쉽게 할 수 있게 한다. 여러분이 일반적인 방식으로 곱셈해보면 이 방법이 과정을 얼마나 단순하게 하는지 동의할 것이다. 초를 세는 것도 이와 비슷하다.

## 4. 몇 초 살았지

물어보는 사람의 나이가 만 26살 미만이고 짝수라면 아주 쉽게 답을 구할 수 있다. 나이를 반으로 나눈 뒤 63을 곱하고 다시 반으로 나눈 처음 수에 72를 곱한다. 그 답을 앞의 답에 연결해서 쓰고 0 세 개를 붙여준다. 즉 나이가 24살이면

$63 \times 12 = 756$,　　　$72 \times 12 = 864$

답 : 756,864,000초

여기에서도 윤년을 생각한다. 정확성을 기하기 위해서 4년마다 한 번씩 있는 날수를 곱한다. 즉 매년 $\frac{1}{4}$일을 셈에 넣는다.

무슨 원리로 계산했을까?

그림 4. 몇 초 살았지

**풀 이**

원리는 매우 간단하다. 나이에 해당하는 초를 구하기 위해서는 나이에 1년 동안의 초를 곱한다.

$$365 \times 24 \times 60 \times 60 = 31{,}536{,}000$$

위 방식은 이것과 똑같다. 다만 앞의 숫자 31,536을 두 부분으로 나누고 31,536을 24(나이)로 곱해주는 대신 31,500과 36을 24로 곱한다. 더 쉽게 계산하기 위해 아래와 같이 바꾸었다.

$$\begin{array}{llllll} 24 \times 31{,}536 = & 24 \times 31500 & = 12 \times 63000 & = & 756{,}000 \\ & 24 \times 36 & = 12 \times 72 & = & 864 \\ \hline & & & = & 756{,}864 \end{array}$$

이제 0 세 개만 붙이면 된다. 답은 756,864,000초이다.

# 5. 빠른 곱셈의 예

위에 열거한 계산 방식에 연결 지을 수 있는 곱셈의 경우 간편한 방법이 있음을 알았다. 몇몇 방법은 특별히 외울 필요도 없을 만큼 간편하다. 두 자릿수 곱셈에는 십자 곱셈이 매우 편리하다. 이 방법은 그리스인과 인도인들이 '번개 공식' 또는 '십자 곱셈' 이라고 불렀지만 지금은 잊혀졌다.

얼마 전부터 다시 사용되는데, 미국의 교육자들은 현재 사용되는 방법보다 훨씬 효과적이고 빠르다고 한다.

24 × 32를 계산한다고 하자. 머릿속에서 다음과 같이 계산된다고 쉽게 떠올릴 수 있다.

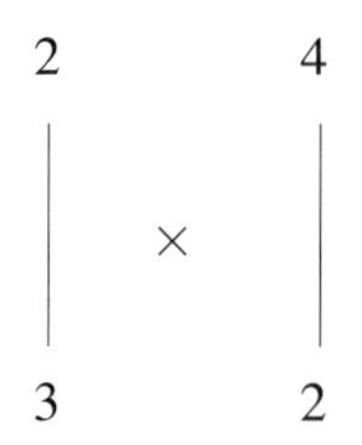


이제 다음과 같이 해보자.

1) $4 \times 2 = 8$, 마지막 수의 곱하기 결과이다.
2) $2 \times 2 = 4$, $4 \times 3 = 12$, $4 + 12 = 16$, 6 두 번째 자리의 숫자 1을 기억하자.
3) $2 \times 3 = 6$, 머릿속에 있는 수 1을 더하면 7이다. 이것은 첫 자리의 숫자이다.

이렇게 해서 모든 숫자 7, 6, 8이 나왔다. 즉 768이다. 이 방법은 몇 번 연습하면 어렵지 않다.

'추가 방식' 이라는 방식은 100에 가까운 수일 때 사용하면 쉽다. 예를 들어 $92 \times 96$을 계산 한다. 92를 100으로 만들려면 8이 필요하다. 96을 100으로 만들려면 4가 필요하다. 그래서 다음과 같이 곱셈이 이루어진다.

곱하는 수 92와 96
추가 수 8과 4

계산 결과에서 처음 나오는 두 숫자는 곱하는 수에서 상대편의 추가수를 빼면 나오는 수이다. 즉 92에서 4를 빼거나 96에서 8을 빼면 된다. 두 경우 모두 88이 나온다. 이 숫자에 '추가수'를 서로 곱한 뒤 계속해서 써 주면 답이 나온다. 8×4=32, 즉 8,832가 된다.

답이 맞을까 의심할 필요는 없다.

$$92\times96=\begin{cases}88\times96= & 88\,(100-4)=88\times100-88\times4\\ 4\times96= & 4\,(88+8)=\ 4\times\ \ 8+88\times4\\ \hline 92\times96= & 8832+\ 0\end{cases}$$

예를 더 들자. 78을 77로 곱하자.

곱하는 수 78과 77

추가수 22와 23

78－23＝55

22×23＝506

5,500＋506＝6,006

세 번째 예로 99×98을 해보자.

곱하는 수 99와 98

추가 수 1과 2

99－2＝97

1× 2＝2

이때 97이 백자리 수임을 기억해야 한다. 답을 구하면 9,700＋2＝9,702이다.

## 6. 일상에서의 계산

'마술 공연' 의 빠른 계산과 별개로 일상 생활에서 빠르게 계산해야 할 경우가 자주 있다. 빠른 계산의 중요한 원칙만 골라도 책 한 권은 족히 나온다. 실제로 프랑스의 교육자 마르텔은 《빠르게 계산하기》라는 책을 냈으며, 독일의 네이하우스는 《빠른 계산의 비밀》이라는 책을 출판했다. 예를 들어보자.

공학적인 실험이나 거래에서 크기가 비슷한 수를 계산할 경우가 많이 발생한다. 다음의 수를 더하는 경우를 보자.

$$\left.\begin{matrix}43\\38\\39\\45\\41\\39\\42\end{matrix}\right\}$$

이러한 수의 덧셈은 아주 간단하다. 다음 방법을 이용하면 된다. 원칙도 매우 간단하다.

$$\left.\begin{matrix}43=40+3\\38=40-2\\39=40-1\\45=40+5\\41=40+1\\39=40-1\\42=40+2\end{matrix}\right\}\quad\begin{matrix}40\times7=280\\3-2-1+5+1-1+2=7\\280+7=287\end{matrix}$$

마찬가지로 다음 계산도 할 수 있다.

$$\left.\begin{array}{l}752=750+2\\753=750+3\\746=750-4\\754=750+4\\745=750-5\\751=750+1\end{array}\right\}\quad 750\times 6+1=4{,}501$$

비슷한 방법으로 수들의 중간값을 이용하는 경우가 있다. 예를 들어 다음에서 평균값을 찾아보자.

대충의 중간값을 4루블 70코페이카로 하자. − 와 + 기호를 써서 다른 값들과의 차이를 나타낸다. 즉 남는 수는 '+'로 모자라는 수는 '−'를 쓰면 계산은 다음과 같다.

| 루블 | 코페이카 |
|---|---|
| 4 | 65 |
| 4 | 73 |
| 4 | 75 |
| 4 | 67 |
| 4 | 78 |
| 4 | 74 |
| 4 | 68 |
| 4 | 72 |

$-5+3+5-3+8+4-2+2=12$

차액인 12를 8로 나누면 1.5이다.

여기에서 평균값을 구할 수 있다.

4루블 70코페이카+1.5코페이카 =

4루블 71.5코페이카

다음은 곱셈을 알아보자.

우선 5, 25, 125의 곱셈을 알아보자. 다음을 알면 쉽고 빠르게 할 수 있다.

$5=\frac{10}{2}$ ; $25=\frac{100}{4}$ ; $125=\frac{1000}{8}$

예를 들어보자

$36\times\ 5=\frac{2}{360}=180$ ; $87\times\ 5=\frac{870}{2}=435$

$36\times\ 25=\frac{3600}{4}=900$ ; $87\times\ 25=\frac{8700}{4}=2{,}175$

$36\times\ 125=\frac{36000}{8}=4{,}500$ ; $87\times\ 125=\frac{87000}{8}=10{,}875$

15를 곱하는 계산은 다음을 이용하면 된다.

$$15=10\times1\frac{1}{2}$$

다음 계산은 머릿속에서 쉽게 할 수 있다.

$36\times15=360\times1\frac{1}{2}=360+180=540$

좀더 간단하게 하면

$$36\times1\frac{1}{2}\times10=540$$
$$87\times15=870+435=1{,}305$$

11을 곱할 때에는 다음처럼 다섯 줄을 쓸 필요가 없다.

$$\begin{array}{rr} & 383 \\ \times & 11 \\ \hline & 383 \\ + & 383\phantom{0} \\ \hline & 4213 \end{array}$$

곱하려는 수의 밑에 한 칸 옮겨 써주면 된다.

$$\begin{array}{rr} & 383\phantom{0} \\ + & 383 \\ \hline & 4213 \end{array} \quad \text{또는} \quad \begin{array}{rr} & 383 \\ + & 383\phantom{0} \\ \hline & 4213 \end{array}$$

그리고 1부터 9까지 수와 12, 13, 14, 15를 곱한 수를 외우면 곱셈이 매우 쉽다. 그러면 다음 같은 곱셈을 빠르게 할 수 있다.

$$\begin{array}{rr} & 4587 \\ \times & 13 \\ \hline \end{array}$$

각각의 숫자를 13으로 곱하는 것을 머릿속에서 계산한다.

$7 \times 13 = 91$ ; 1은 쓰고 9는 기억한다.

$8 \times 13 = 104$ ; $104 + 9 = 113$ ; 3은 쓰고 11은 기억한다.

$5 \times 13 = 65$ ; $65 + 11 = 76$ ; 6은 쓰고 7은 기억한다.

$4 \times 13 = 52$ ; $52 + 7 = 59$

답 : 59,631

몇 번 연습하면 쉽게 익힐 수 있다. 가장 쉬운 방법은 11을 두 자릿수로 곱하는 것이다. 곱하려는 수의 숫자 사이에 양 숫자의 합을 써주면 된다.

$$43 \times 11 = 473$$

더한 수가 두 자리가 되면 십의 자리 숫자를 앞 자리 숫자에 더한다.

$$48 \times 11 = 4(12)8, \text{ 즉 } 528.$$

이제 빠른 나누기 계산 방법을 알아보자.

5로 나눌 때 나누어지는 수와 나누는 수를 모두 두 배로 만든다.

$$3{,}471 \div 5 = 6{,}942 \div 10 = 694.2$$

25로 나눌 때 두 수를 4로 곱한다.

$$3{,}471 \div 25 = 13{,}884 \div 100 = 138.84$$

$1\frac{1}{2}(=1.5)$또는 $2\frac{1}{2}(=2.5)$로 나누는 것도 마찬가지 방법으로 계산하면 쉬워진다.

$3{,}471 \div 1\frac{1}{2} = 6{,}942 \div 3 = 2{,}314$

$3{,}471 \div 2.5 = 13{,}884 \div 10 = 1{,}388.4$

## 7. 근사값

근사값에 관해서 잘 모르는 사람을 위해 간단하게 설명하겠다. 근사값을 알면 계산하는데 매우 유용할 뿐만 아니라 시간과 노력의 낭비를 막아 준다.

먼저 '근사값' 이 무엇이고 어떻게 생겼는지 이야기하겠다. 과학에서 데이터는 측량의 결과 얻지만 어떠한 측량도 완전히 정확하지 않다. 무엇보다 측량 단위도 일반적으로 오차가 있다.

정확하게 1미터 자, 1킬로그램 추, 1리터 비커를 만들기는 매우 어렵기 때문에 일정한 오차를 법으로 인정한다. 예를 들어 1미터 자를 만들 때 법적으로 1밀리미터까지 오차는 인정하고, 10미터 줄자를 만들 때는 1센티미터까지, 1킬로그램 추를 만들 때는 1그램까지, 1그램 추를 만들 때는 0.01그램까지, 1리터 비커를 만들 때는 5세제곱센티미터까지 오차를 인정한다. 이를 가지고 측량할 때에도 마찬가지로 완전히 정확한 것은 없다.

여러분이 1미터 자로 거리의 폭을 잰다고 하자. 자를 13번 놓았고 1미터보다 적게 남았다. 여러분은 거리의 폭이 13미터라고 할 수 있다. 실제로는 13미터와 계산에 넣지 않은 소수점 아래 몇 숫자가 더 나와야 한다. 결국 다음과 같이 나타낼 수 있다.

거리의 폭=13.???미터

물음표는 우리가 알지 못하는 10분의 1, 100분의 1, 1,000분의 1 단위 숫자이다. 거리의 폭을 좀더 정확하게 재고 싶다면 10센티미터 단위 자로 측정하면 된다. 나머지를 10센티미터 단위 자로 재었더니 8번과 나머지가 나왔다. 그러면 새로운 측정결과는 13.8미터이다. 위의 것보다 훨씬 정확하지만 이것 역시 정확성과 여전히 거리가 있다. 소수점 아래 첫째 자리 숫자가 8이라는 것밖에 나머지, 즉 둘째, 셋째 등등의 자리 숫자는 여전히 모르기 때문이다. 어쨌거나 좀더 정확한 수를 다음처럼 표현할 수 있다.

13.8??미터

좀더 정확한 측정을 위해 센티미터 단위 자를 이용하면 된다. 그것으로 나머지 부분을 측정하면 센티미터보다 작은 나머지가 남는다. 이것도 정확한 측정 결과라고 할 수 없다. 일반적으로 정확하게 측정한다고 해도 정확하지 않다. 측정한 단위 밑의 수를 여전히 모르기 때문이다.

측정하고 난 나머지 부분이 단위의 반보다 크다고 해서 결과가 바뀌는 것은 없다. 예를 들어 맨 처음 계산에서 13미터가 아니라 14미터로 측정했을 것이다. 이것도 마찬가지로 근사값이며 다음과 같이 표현할 수 있다.

14.???미터

물음표는 음수를 나타낸다(즉 숫자 14가 거리의 폭을 정확하게 나타내기 위해 얼마를 더 가지고 있는지를 나타낸다).

그래서 가장 정확하게 측정한 값도 완전하게 정확한 값이라고 할 수 없다. 단지 실제 값에 가까운 값을 표현할 뿐이다. 이런 수를 근사값이라 한다. 수학에서 근사값은 정확한 수와 항상 같지 않다. 몇 가지 예를 들어 설명하겠다.

세로 68미터, 가로 42미터인 직사각형의 면적을 구한다고 하자. 68과 42가 정확한 수라면 넓이는 다음과 같다.

$$68 \times 42 = 2,856\text{제곱미터}$$

하지만 수 68과 42는 정확하지 않은 근사값이다. 즉 세로의 길이는 정확하게 68미터가 아니라 조금 크거나 작다. 즉 1미터 자가 정확하게 68번 놓이는 길이인지 정확하지 않다. 이 거리는 1미터까지만 정확한 수가 된다.

앞에서 보았듯이 직사각형의 세로를 다음과 같이 표현할 수 있다.

68.?

마찬가지로 가로도 다음과 같이 표시할 수 있다.

42.?

곱셈을 해보자.

68.? × 42.?

이 계산 내용은 다음과 같다.

```
      68.?
×     42.?
-----------
       ???
     136?
    272?
-----------
    285???
```

네 번째 숫자부터 정확하지 않음을 알 수 있다. 이 숫자는 두 수가 미지수인 세 수의 합으로 이루어져 있다. (? +6 +?) 세 번째 숫자 5도 정확하기 위해서는 약간의 문제가 있다. 비록 5로 썼지만 ?+6+?의 결과에 따라 달라질 수 있다. 이 수의 합이 10 또는 20 이상이면 5는 6 또는 7이 될 수 있기 때문이다.

완전히 정확하다고 할 수 있는 숫자는 앞의 두 숫자이다(28). 그래서 마음 좋게 '직사각형의 넓이는 2,800제곱미터쯤이다' 라고 할 수 있다. 즉 제곱미터의 십 자리의 숫자와 일 자리의 숫자가 어떻게 될지 알 수 없기 때문이다. 그래서 이 문제의 답은 2,800이다. 그리고 이 수에서 00의 의미는 없다는 게 아니라 불확실한 숫자라는 뜻이다. 다시 말해 00은 앞의 물음표와 같은 뜻이다.

계산해서 정확하게 얻은 수인 2,856이 2,800보다 정확하다는 생각은 잘못이다. 전혀 그렇지 않다. 앞에서 마지막 두 숫자가(56) 전혀 믿을 수 없는 숫자라고 했다. 실제로는 2800이 2,856보다 유효하다. 왜냐하면 2와 8만이 정확한 숫자이고 그 뒤의 숫자는 알 수 없는 숫자임을 가르쳐주기 때문이다. 2,856은 우리를 속이는 것이다. 이 수에서는 마지막 두 숫자가 앞의 두 숫자처럼 믿을 수 있는 숫자인 척한다.

영국의 수학자 페리는 다음과 같이 양심고백을 한다.

"우리가 계산할 수 있는 수 이상의 수를 쓴다는 것은 비양심적인 일이다. ……나는 증기기관에 관한 아주 훌륭한 이론서에서 추측하여 쓴 수를 자주 만날 수 있어 창피하다. ……내가 학교에서 공부할 때 지구와 태양의 거리는 95,142,357마일이라고 했다. 왜 피트나 인치까지 재지 않았을까 궁금했다. 현대에 정확하게 측정한 결과 이 거리는 9천3백만 마일보다 작고 9천250만 마일보다 크다고 한다.”

근사값으로 계산할 때 전체 수를 다 받아들이면 안 된다. 일부만을 받아들여야 한다. 이런 때에 어떤 수를 취하고 어떤 수를 영으로 바꾸어야 하는지는 따로 이야기하겠다.

## 8. 반올림하기

반올림하는 것은 마지막 숫자 하나 또는 몇 개를 0으로 바꾸는 것을 의미한다. 이때 소수점 아래의 0은 의미가 없으므로 버린다. 예를 들어

| 수 | 반올림하면 |
|---|---|
| 3,734 | 3,730 또는 3,700 |
| 5.314 | 5.31 또는 5.3 |
| 0.00731 | 0.0073 또는 0.007 |

반올림을 하기 위해 버리려는 숫자 가운데 5 또는 그보다 큰 수가 있으면 앞의 수에 1을 더한다.

| 수 | 반올림하면 |
|---|---|
| 4,867 | 4,870 또는 4,900 |
| 5,989 | 5,990 또는 6,000 |
| 3.666 | 3.67 또는 3.7 |

4,552 ························· 4,600

38.1506 ······················ 38.2

735 ························· 740

8,645 ························· 8,650

37.65 ························ 37.7

근사값을 계산하는 데에는 반올림 법칙이 적용된다.

## 9. 유효 숫자/무효 숫자

근사값을 계산할 때는 0을 제외한 모든 숫자가 유효 숫자이다. 그리고 유효 숫자 사이에 있는 0도 유효 숫자이다. 즉 수 3,700과 0.0062에서 모든 0은 무효 숫자이며 105와 2,006에서 0은 유효 숫자이다. 수 0.0708에서는 처음의 두 0은 무효 숫자이며 세 번째 0은 유효 숫자이다.

몇몇 경우에는 유효 숫자 0이 수의 끝에 오기도 한다. 예를 들어 2.540002를 반올림 하면 2.54000이다. 이때 모든 0은 유효 숫자이며 이 숫자들은 그 열에 값이 없음을 의미한다. 그렇기 때문에 표 등에서 4.0 또는 0.80등을 볼 수 있는데, 이것은 두 가지의 의미로 바라봐야 한다. 289.9를 반올림 해서 290을 만들면 마찬가지로 마지막 0은 유효 숫자이다.

## 10. 근사값의 덧셈, 뺄셈

근사값의 덧셈과 뺄셈에서 두 수 가운데 하나라도 미지수가 있다면 유효 숫자가 아니다. 만약 숫자가 나온다면 버린다. 예를 들어

$$\begin{array}{r} 3{,}400 \\ +\quad 275 \\ \hline 3{,}700 \end{array}$$
(3675가 아니라)

$$\begin{array}{r} 28.3 \\ 146.85 \\ +\quad 108 \\ \hline 283 \end{array}$$
(283.15가 아니라)

$$\begin{array}{r} 176.3 \\ -\quad 0.46 \\ \hline 175.8 \end{array}$$
(175.84가 아니라)

이 원칙을 이해하는 것은 어렵지 않다. 3,400미터에 275미터를 더할 때 3,400에서는 십 자리의 숫자 아래는 무시했다고 볼 수 있다. 때문에 여기에 75를 더하여 3,675를 얻었더라도 십자리와 일자리 숫자가 다를 가능성이 높다. 그래서 십자리와 일자리 숫자를 0으로 쓴다. 두 숫자는 정확하게 결정할 수 없기 때문이다.

## 11. 근사값의 곱셈, 나눗셈, 제곱값

근사값의 곱셈과 나눗셈 결과 얻은 수는 곱셈과 나눗셈을 하는 수 가운데 유효숫자가 더 적은 수의 유효숫자 개수보다 적어야 한다. 나머지 숫자는 0으로 바꾸어야 한다. 예를 들어

$$\begin{array}{r} 37 \\ \times\quad 245 \\ \hline 9{,}100 \end{array}$$
(9065가 아니라)

$57.8 \div 3.2 = 18$(18.06이 아니라)

$25 \div 3.14 = 8.0$(7.961이 아니라)

계산할 때 소수점에 관심을 두지 않는 경우가 있는데, 예를 들어 4.57이면 세 자리에 숫자가 있다는 것을 의미한다. 근사값의 제곱값은 제곱근의 유효숫자의 범위를 벗어나서 안 된다. 나머지는 0으로 바꾸어야 한다. 예를 들어

$157^2 = 24,600$(24,649가 아니라)

$5.81^3 = 196$(196.122941이 아니라)

## 12. 근사값의 실제 적용

유효 숫자의 개수 원칙은 최종 결과에만 영향을 준다. 계산의 과정에 있다면 일단은 유효 숫자를 하나 더 가지고 있어야 한다.

아래와 같은 계산의 경우

$$\frac{36 \times 1.4}{3.4}$$

다음과 같이 한다.

$36 \times 1.4 = 50.4$ (두 자릿수가 아닌 세 자릿수)

$50.4 \div 3.4 = 15$

복잡하지 않은 기술적인 계산은 위에서 언급한 법칙에 따라 다음과 같이 간단하게 계산한다. 먼저 유효 숫자가 가장 적은 것이 몇 개인지 알아

보고, 결과에서 유효 숫자를 몇 개로 할지 결정한다. 이렇게 결정되면 계산 과정에서는 필요한 개수보다 하나 더 많은 개수를 가지고 있어야 함을 명심해야 한다.

문제에서 유효 숫자가 세 개인 수가 몇 개 있고 두 개인 수가 몇 개 있을 때 답은 두 개의 숫자로 이루어진 수이며 계산 과정 중의 수는 세 개의 유효 숫자를 가지고 있어야 한다.

이렇게 근사값 계산은 다음과 같은 원칙에 따른다.

1) 문제에서 나오는 수 가운데 유효 숫자가 가장 적은 수의 유효 숫자가 몇 개인지 알아야 한다. 이 개수는 답에 적용된다.
2) 중간 계산의 모든 수는 결과의 유효 숫자보다 하나씩 많게 유지해야 한다.

다른 숫자들은 이럴 경우 모두 0으로 바꾸거나 반올림을 해야 한다. 이 법칙은 덧셈과 뺄셈으로만 이루어진(매우 드문) 경우는 적용되지 않고 다른 법칙이 적용된다. 덧셈과 뺄셈을 할 때 최종 값에는 하나라도 미지수가 포함된 숫자의 계산 내용이 있어서는 안 된다. 계산 과정에서는 최종 결과의 유효 숫자의 개수보다 하나 더 많은 개수를 유지한다. 다른 숫자들은 반올림을 해서 버린다.

다음과 같은 데이터가 있다.

37.5M, 185.64M, 0.6725M

앞의 수를 나머지 두 수의 합에서 빼야 한다.

$$\begin{array}{r} 185.64 \\ +\quad 0.6725 \\ \hline 186.3125 \end{array}$$

중간 계산 결과 마지막 숫자를 버리고 186.312를 만든다. 그리고 빼준다.

$$\begin{array}{r} 186.312 \\ -\quad 37.5 \\ \hline 148.812 \end{array}$$

최종 결과는 148.8이다.

## 13. 근사값 계산의 절약성

위의 방식으로 계산한 결과는 어떤 가치가 있을까? 두 번을 계산해서 비교해보면 쉽게 알 수 있다. 한 번은 일반적인 수학 계산을 하고, 또 한 번은 근사값 계산을 한다. 그 다음에 참을성 있게 두 번의 계산에서 덧셈과 빼셈, 곱셈과 나눗셈이 얼마나 많이 사용 되었는지 살펴보아야 한다. 근사값 계산에서 정확하게 계산하는 경우보다 $2\frac{1}{2}$배 적게 계산하는 것을 알 수 있다. 그리고 근사값 계산을 하더라도 정확한 계산을 하는 것과 같은 답이 나오는 것을 앞에서 살펴보았다.

그래서 일반 계산보다 근사값 계산은 시간을 $2\frac{1}{2}$ 배 적게 들인다. 하지만 시간만 절약하는 것은 아니다. 계산 과정마다 생겨나는 숫자들은 실수를 유발할 수도 있다. 근사값의 계산의 신뢰도는 일반 계산보다 $2\frac{1}{2}$배 높다. 실수를 한 번 하면 전체 또는 일부를 다시 계산해야 한다. 즉 근사값 계산은 어떠한 경우에서도 $2\frac{1}{2}$만큼 경제적이라 할 수 있다. 근사값을 알기 위해 낭비한 시간을 바로 보상받을 것이다.

수의 착각

# 케오프스 피라미드의 수수께끼

고대 이집트의 가장 거대한 피라미드는 케오프스 피라미드이집트 제4왕조의 네 번째 왕의 피라미드로 쿠푸왕 피라미드, 대피라미드 또는 제1 피라미드라고도 한다.－옮긴이이다. 이미 5천 년 전에 폭염과 바람이 몰아치는 사막에 세워진 이 피라미드는 지금까지 보존되고 있는 가장 놀라운 건축물이다. 높이는 150미터에 달하며 밑면의 면적은 4만 제곱미터가 넘으며, 2.5톤짜리 돌이 200층으로 쌓여 있으며, 노예 10만 명이 30년 동안 지었다. 피라미드를 건설할 때 수송로를 만드는 데 10년 걸렸고, 수송로를 통해 운반한 돌을 피라미드로 쌓는 데는 20년이 걸렸다.

그런 거대한 건물이 단지 지배자인 왕의 무덤 역할만 하는 게 이상하다고 생각한 몇몇 학자는 계속해서 연구했다. 피라미드 크기에 비밀이 있는 것은 아닐까? 그들은 피라미드를 건설하는 데 지시를 내렸던 신관들이 수학적 지식과 천문학적 지식이 뛰어났다는 사실을 알게 되는 행운을 얻었다.

프랑스의 천문학자 모레의 《과학의 수수께끼》(1926)에는 다음과 같은 글이 있다.

"헤로도투스는 이집트의 신관들이 다음과 같은 피라미드의 평면적과 높이의 관계를 밝혀주었다고 했다. 피라미드 밑면 정사각형의 넓이는 피라미드 옆면 삼각형들의 넓이의 합과 같다는 것이다. 이것은 전혀 새로운 측량법이라 할 수 있다. 바로 케오프스 피라미드가 오랜 세월 동안 수학적인 조화의 상징인 이유였다.

좀더 뒤의 증명을 살펴보자. 원주와 지름 사이에는 일정한 관계, 즉 원주의 길이를 구하기 위해서는 지름에 3.1416을 곱한 다는 것을 현대인은 누구나 알고 있다. 고대 수학에서는 정확하지는 않지만 비슷하게 알았던 것으로 추정할 수 있다.

피라미드 밑면 네 변 길이의 합은 931.22미터이다. 이 수를 피라미드의 높이의 두 배($2 \times 148.208$)로 나누면 3.1416이 나온다. 즉 지름과 원주와의 관계이다. 원주와 지름의 관계를 나타내는 부호 $\pi$(파이)는 그리스어에서 왔다. 피라미드의 크기와 관계하여 알게 된 $\pi$값은 유럽에서 16세기에 알려졌다. 다른 작가는 피라미드에서 나온 $\pi$값이 정확하게 3.14159라 했다. 세계에서도 유례를 찾을 수 없는 독특한 상징물인 피라미드는 수학사에서 중요한 역할을 하는 수 '파이($\pi$)' 를 구현한 것이었다. 이집트의 신관들은 후세의 학자들이 발견한 원칙을 이미 알고 있었다."

더 놀라운 사실은 피라미드의 평면적을 정확한 1년의 날수, 즉 365.2422로 나누면 현대의 천문학자도 생각지 못했던 지구의 반지름이 정확히 천만 분의 일까지 나온다는 것이다. 게다가 피라미드의 높이는 지구에서 태양까지 거리의 십억 분의 일이다. 유럽에서는 18세기에야 지구에서 태양까지의 거리를 알아냈다. 5000년 전의 이집트인은 갈릴레오나

케플러와 동시대인뿐만 아니라 뉴턴과 동시대 학자도 알지 못했던 것을 알고 있었다. 이것을 알게 된 유럽이 발칵 뒤집힌 것은 당연하다. 하지만 근사값의 결과로 이 문제를 접근하면 숫자 놀이에 지나지 않는다.

위에서 살펴본 예를 순서대로 살펴보자.

I.

수 '$\pi$'에 관해 알아보자. 수학에서 확정된 숫자의 값 여섯 개(3.14159)를 얻으려면 최소한 나누어지는 수와 나누는 수 모두 정확한 숫자 여섯 개가 있어야 한다. 피라미드에 적용하면 여섯 자리 '$\pi$'가 답이 되기 위해서는 밑면의 네 변 길이와 피라미드의 높이 값이 모두 백만 분의 일까지 정확해야 한다. 즉 1밀리미터까지 정확해야 한다. 모레는 피라미드 높이를 148.208이라 하여 1밀리미터까지 정확한 값인 것처럼 했다.

과연 누가 그 정도까지 정확한 피라미드의 길이를 잴 수 있는가? 세계에서 가장 정확한 측량연구소도 그 정도까지 정확하게 측량하는 게 불가능하다(모레는 단지 숫자 여섯 개만 구했을 뿐이다). 게다가 사막 위의 피라미드 측량은 정확도에 많은 의심이 간다. 실험실로 피라미드를 옮겨 측정한다면 여섯 자릿수를 정확하게 구할 수 있지만 그것이 불가능하다. 게다가 맨 처음 피라미드가 만들어졌을 때의 크기는 아무도 모른다. 그것은 이미 세상에 존재하지 않는다. 바람에 날리고 부서져서 아무도 거대한 벽돌의 두께를 정확하게 잴 수 없다. 결국 피라미드의 크기는 가장 확실한 미터 단위로 재어야 한다. 그러면 아주 대략적인 '$\pi$'가 나온다. 이것은 린드 파피루스에 있는 것보다 정확하지 않다.

실제로 피라미드에 '$\pi$'가 구현되었더라도 정확성을 거의 신뢰할 수 없다. 세 자릿수로 나온 피라미드의 근사값은 다른 것에도 쉽게 관계를 만들 수 있다. 예를 들어 피라미드의 높이는 옆면의 삼각형 한 변의 $\frac{2}{3}$로, 또는 밑면의 대각선의 $\frac{2}{3}$로 만들었다고 할 수 있다. 헤로도투스의 '피라미드의 높이는 옆면적의 제곱근 값이다' 라는 것도 근거 있다고 할 수 있다. 하지만 이 모든 것은 실제로 '$\pi$'에 대한 가설로 전혀 근거 없는 내용이다.

II.

1년의 길이와 지구의 반지름에 관한 것은 다음과 같다. 피라미드의 평면적을 정확한 1년의 날짜로 나누면(일곱 자릿수) 정확하게 천만 분의 일의 지구 반지름을 구할 수 있다는 것이다(다섯 자릿수). 하지만 피라미드 넓이의 숫자 가운데 세 개만 정확하게 아는데 어떻게 일곱 자릿수 또는 다섯 자릿수를 나누는 수 또는 몫을 알 수 있을까? 1년의 날짜 수와 지구의 반지름을 확정수 세 개로 표시하면 계산이 가능하다. 즉 365일과 약 6,400 킬로미터가 우리가 계산할 수 있는 수이다.

III.

지구와 태양의 거리에 대한 것은 좀 다른 차원이다. 자신들이 저지른 실수를 왜 보지 못하는지 이상할 뿐이다. 그들이 이야기하는 대로 피라미드 밑면의 면적이 지구의 반지름과 관계 있고, 높이가 밑면의 대각선과 관계 있다면 높이는 태양과의 거리와 전혀 관계 없음을 인정해야 한다.

즉 어떤 것이든 하나에만 관계 있을 뿐이다. 우연히 두 가지 모두와 관계 있다면 지구상에 항상 존재했던 관계이며, 신관들의 어떤 역할도 불가능하다.

지지자들은 피라미드의 무게가 지구 무게의 1조 분의 1이라고 한다. 이 관계는 우연이 아니라면서 고대 이집트의 신관들은 우리 별의 기하학적 크기뿐만 아니라 뉴턴이나 캐번디시보다 더 오래 전에 무게를 재어서 안다고 한다.

여기에서도 지구와 태양의 거리와 같은 실수를 저지르고 있다. 지구의 무게를 가지고 피라미드의 무게를 만들었다는 것은 말도 안 된다. 피라미드의 무게는 어떠한 재료를 구하고 어떠한 크기와 높이로 만들까 정했을 때 이미 결정된다. 지구의 반지름과 일정한 비율로 선택된 피라미드 밑면의 면적이 동시에 피라미드의 높이와 관계 있는 게 불가능하듯이 피라미드의 무게는 지구의 무게와 관계 없다. 지구의 무게에 대한 이집트인들의 조예는 숫자 장난에 지나지 않는다. 우연하게 들어맞는 경우는 얼마든지 있다.

이상에서 피라미드의 건축가인 신관의 지식에 대한 신화는 전혀 근거 없음을 증명했다. 내가 위의 내용을 이야기하는 목적은 근사값의 용도가 어떻게 사용될 수 있는가를 보여주기 위함이다.

# 06

## 거인수와 난쟁이수

⚜

수는 얼마나 클 수 있을 까요? 또 수는 얼마나 작을 수 있을까요?

아마도 여러분들은 이 답을 알고 있을 것입니다. 무한대로 클 수도 있고 무한대로 작을 수도 있다는 것을 말입니다.

수의 홍수 속에서 사는 현대인들은 어떤 수가 주어졌을 때 그 수가 도대체 얼마나 큰지 잘모르는 경우가 많습니다. 신문에서는 매일 수억, 수조 등의 숫자가 올라와 있으니 그게 우리 생활 속에 있는 수인가 보다 하고 생각할 것입니다.

믿지 못하겠지만 그 수들은 정말 어마어마하게 큰 수입니다.

이 장에서는 그 엄청난 수들의 실체를 밝혀보도록 하겠습니다. 여러분들은 쉽게 생각하고 우습게 생각했던 수들이 이 장을 통해서 엄청난 위력을 발휘한 수들로 다시 태어나게 되는 것을 보실 수 있을 것입니다.

## 1. 백만은 얼마나 큰 수일까

위대한 거인수인 백만(million), 십억(milliard), 일조(trillion)가 한때 일상생활에서 빛을 잃은 적이 있다. 당시에는 한 달 식료품 비용이 7백만 루블까지 했으며, 공공기관의 예산은 수백조 루블이 되기도 했기 때문에 이러한 수가 별로 커다란 수라고 생각하지 않았다. 우유 한 통 사는데 일곱 자릿수의 루블을 내야 하는 사람이 그 수를 크게 느끼겠는가? 장화도 살 수 없는 몇 십억이 어떻게 큰 수가 될 수 있겠는가? 러시아에서는 사회주의 혁명이 일어난 직후인 1918-1922년 인플레이션 때문에 돈의 가치가 거의 없었다. — 옮긴이

평범한 일상을 사는 우리들은 아직까지도 이 거인수를 도달할 수 없는 높은 수라고 생각하기 때문에 이전 사람들보다 더 잘 이해할 수 있다. 백만이라는 수는 여전히 대부분의 사람이 '알기 힘든 수'이기 때문이다. 어쩌면 이들 수는 더욱 어려운 수가 되었다. 우리는 예전부터 우리의 능력을 다해서 이 수를 줄이려 했다. 실제로 백만이라는 수는 머릿속에는 평범하고 쉽게 다가갈 수 있는 수이다. 심리적인 오류를 범하고 있는 것이

다. 백만 루블이 다른 것과 비교해서 크지 않은 금액이 된 것은 가격을 줄인 게 아니라 백만의 가치를 줄인 것임을 알아야 한다.

나는 지구에서 태양까지가 150백만(1억 5천만)킬로미터라는 이야기를 듣고 놀라는 소리를 들었다.

"겨우 그것밖에 안 돼요?"

또 어떤 사람은 상트페테르부르크에서 모스크바까지 백만 걸음임을 알자.

"모스크바까지가 겨우 백만 걸음밖에 안 돼요? 극장 표가 200만 루블인데……"

백만이나 십억 같은 수가 얼마나 거대한지 상상하지 못하는 사람은 백만이나 십억의 수가 나타내는 게 얼마나 거대한지 전혀 알지 못한다. 십억 볼트의 전기 또는 태양계의 행성으로부터 우리를 벗어나게 하는 백만 킬로미터라는 것을 읽을 때 어떤 생각이 들까? 이들 수의 거대함을 느끼기 위해서는 '수학 체조'에 시간을 투자해야 한다. 이러한 거대한 수를 제대로 알아보자.

가장 오래 전부터 쓰인 거인수 백만에서 시작하자.(백만이란 뜻의 'million'은 1500년 이탈리아에서 처음 쓰였다. 13세기에는 million이란 단어는 천의 천 배를 의미하였다. 이탈리아의 여행가 마르코 폴로가 중국에 갔을 때, 이 곳의 셀 수 없는 보물을 나타내기 위해 'million'이라는 단어를 생각해 내었다.) 백만의 진정한 크기를 느끼고 싶다면 백지에 점을 백만 개 찍어보라. 여러분에게 끝까지 요구하지는 않는다.(누가 그렇게 할 수 있을까?) 이렇게 시작하면 백만을 채우기 위한 오랜 작업에서 백만의 진정한 크기를 느낄 수 있다.

영국의 자연주의자 윌스(다윈의 동료)는 백만을 이해하기 위한 관심 있는 제안을 했다.

"모든 학교에 백만이 어떤 수인지 나타내는 방 또는 강당을 만들어야 한다. 이를 위해 한 변이 $4\frac{1}{2}$피트인 커다란 정사각형 종이가 100개 있어야 하고 그것을 $\frac{1}{4}$인치 크기의 검정색과 흰색의 정사각형으로 채운 뒤, 사각형 10개마다 두 줄로 그어 백 개의 사각형을 그린다($10\times10$). 이러면 각각의 종이에는 사각형 만 개가 만들어진다. 이렇게 하여 100개의 종이에 정사각형이 모두 백만 개 만들어진다.

이런 식으로 만든 강당은 학습에 매우 유익한 장소가 될 것이다. 특히 백만을 아무 관심 없이 써버리는 곳에서는 더더욱 필요하다. 게다가 백만에 대한 감각이 없다면 현대 과학에서 나오는 백만 이상의 수라든지 백만

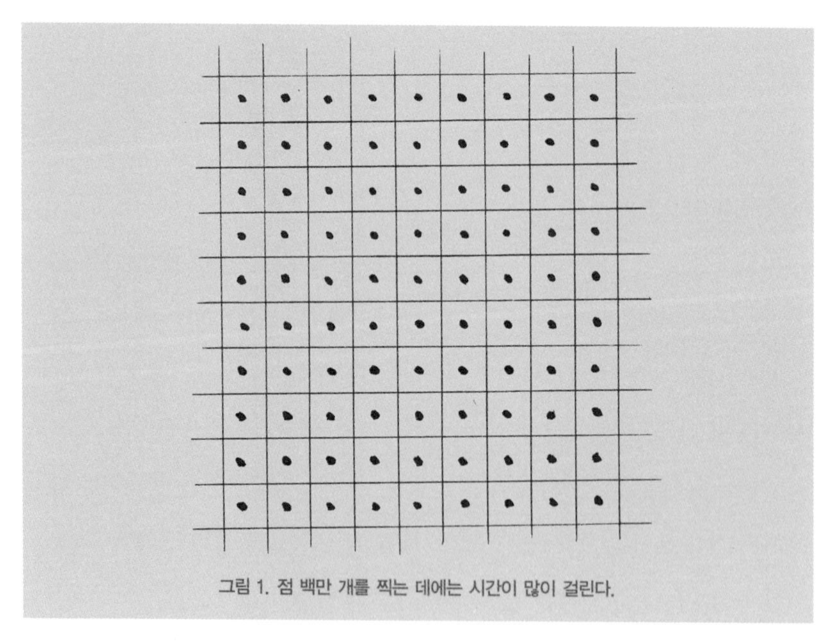

그림 1. 점 백만 개를 찍는 데에는 시간이 많이 걸린다.

분의 일 이하의 수 등을 이해하기 힘들다. 현대 천문학이나 물리학에서는 십억 개의 백만이 필요한 때도 있다. 예를 들어 항성과 항성 사이는 수백만 킬로미터이며 행성과 행성 사이는 백만의 백만 킬로미터가 나오기도 한다. 우리를 둘러싼 공기의 1세제곱 센티미터 속의 분자수는 백만의 백만의 수백만 개이다. 하다못해 전국의 커다란 도시에 강당을 설치하고 백만이 얼마나 큰지 보여주어야 한다고 생각한다."

위대한 자연주의자의 희망이 이루어졌는지 알 수 없지만 난 그의 제안에 따라 상트페테르부르크의 한 건물의 벽에 점을 그려 넣었다. 눈을 피곤하게 만드는 점 백만 개는 실제로 이곳을 찾는 사람들에게 백만이라는 수의 거대함을 느끼게 했다. 나는 점 백만 개의 일부로써 사람들이 볼 수 있는 별의 수를 표현했다. 예전에는 인간의 맨눈으로 볼 수 있는 별의 개수는 3,500개였다. 이것은 백만보다 300배 적은 수이다. 크지 않은 전시장의 푸른색 원형 지붕의 백만 개 점 속의 3,500개의 적은 수의 별을 한눈에 볼 수 있게 했다.

독자들은 점 백만 개를 어떻게 지붕에 그렸나 궁금할 것이다. 얼마나 많은 시간이 소요되었을까? 천장에 바로 그렸다면 전시장을 여는 데 시간이 많이 걸렸겠지만 아주 간단한 방법으로 했다. 우리가 원하는 점이 그려진 벽지를 주문 제작하여 도배했다.

## 2. 여섯 단계인 백만

상트페테르부르크의 실용 과학관은 전혀 다른 방법으로 백만을 표현했다. 그림 2에서 보는 작은 기계 장치로 표현했다. 이 기구는 톱니바퀴가 연결되어 있어 손잡이를 10번 돌리면 첫 번째 톱니바퀴의 눈금이 한 바퀴 돈다. 100번 손잡이를 돌리면 이 눈금이 10번 돌고 그 옆의 톱니바퀴의 눈금이 한 바퀴 돈다. 다음 눈금, 즉 세 번째 눈금을 한 바퀴 돌리려면 손잡이를 1,000번 돌려야 하며, 10,000번을 돌려야 네 번째의 바늘이 한 바퀴돈다. 100,000번을 돌리면 다섯 번째 눈금이 돌고, 1,000,000번을 돌리면 마지막 눈금이 한 바퀴 돌게 되어 있다.

원형 지붕 위의 점 백만 개가 여러분의 시각을 놀라게 했다면 이번 것은 근육이 그 크기를 느끼게 했다. 손잡이를 돌리면서 마지막 눈금이 얼마나 느리게 움직이는지 볼 수 있고, 백만을 만들기 위해서 모든 것이 얼마나 느리게 진행되는지 느낄 수 있다. 0을 여섯 개 만들려면 11일 동안 쉬지 않고 손잡이를 돌려야 한다(한 바퀴 돌리는 데 1초 걸린다고 했을 때)!

그림 2. 바늘이 백만 번을 표시하기 위해서는 11일 동안 쉬지 않고 손잡이를 돌려야 한다.

## 3. 백만 초

여기서 우리는 백만이라는 수의 크기를 훨씬 더 가깝게 느낄 수 있는 방법을 제시한다. 이를 위해서는 매우 작은 단위의 것, 예를 들면 걸음, 분, 성냥, 컵 따위를 이용한다. 결과는 우리를 놀라게 한다. 예를 들어 1초에 물건을 하나씩 셀 때 그 물건 백만 개를 세려면 얼마나 많은 시간이 필요할까?

쉬지 않고 하루에 10시간씩 센다면 한 달 동안 세어야 한다. 쉽게 머릿속에서 계산이 가능하다. 1시간은 3,600초, 10시간이면 36,000초이다. 3일 동안 센다면 약 100,000번까지 가능하다. 백만이면 꼭 열 배가 더 많아야 하는데, 끝까지 세려면 30일이 필요하다. 참고로 1년은 31,558,150초이며, 백만 초는 정확히 11일 13시간 46분 40초이다. 이렇기 때문에 앞에서 이야기한 점 백만 개를 찍는 작업은 쉬지 않고 해도 몇 주가 걸림을 알 수 있다.

사람들이 백만이라는 수에 무감각하기 때문에 일깨워야 한다는 윌스는 모순에 빠져 있다. 그는 백만을 경시하는 사람들에게 경고하며 언급한 내용('1. 백만은 얼마나 큰 수일까'를 보라)을 다음과 같이 끝맺는다.

"작은 크기로 백만 개를 그릴 수 있다. 두꺼운 종이 백 장을 정사각형으로 나누고 검은 점을 그리면 된다. 이런 식으로 작업하면 백만의 실제 크기와 좀 차이가 있지만 어느 정도 그 크기를 짐작할 수 있다."

작가는 이 일을 한 사람이 넉넉히 할 수 있는 일이라고 생각했던 것 같다.

## 4. 머리카락 백만 올의 굵기

머리카락 굵기는 속담에 등장하기도 한다. 사람들은 머리카락이 얼마나 가는지 잘 안다. 사람의 머리카락 굵기는 약 0.07밀리미터이다. 계산 편의를 위해 숫자를 반올림해서 0.1밀리미터로 하자.

머리카락 백만 올을 붙여 옆으로 늘어놓았다면 그 폭이 얼마나 될까? 그것은 문의 한쪽 문설주에서 다른 쪽 문설주까지 갈까?

이런 문제를 생각해본 적이 없다면 여러분은 제대로 계산해보지 않고 엄청난 실수를 저지를 것이다. 정답이 틀린다고 우길 것이고 틀린 것을 증명하려 할 것이다. 도대체 얼마나 될까?

머리카락 백만 올은 100미터에 이른다는 것을 알게 된다. 이것은 가장 넓은 거리를 덮을 수도 있다. 말도 안 되는 것 같지만 계산해보면 금방 동의한다.

$$0.1mm \times 1{,}000{,}000 = 0.1m \times 1000 = 0.1km = 100m$$

두 번에 걸쳐 한 단위에서 다른 단위로 옮기는 작업을 했다. 그 단위는 천 배 더 크다. 이 방법은 머릿속에서 계산하기 편하다. 이 방법은 미터법에서 많이 쓰인다.

## 5. 백만으로 하는 연습

연습문제를 몇 개 풀어보자. 백만이라는 수의 크기를 체득하려면 암산이 더 좋다.

I.

보통 파리의 크기는 약 7밀리미터이다. 이를 백만 배로 늘이면 얼마만 할까?

II.

머릿속에서 여러분의 주머니 시계를 백만 배로 키워보면 놀랄만한 결과가 나온다. 과연 암산으로 해낼 수 있을까? 어떤 크기가 나올까?

III.

인간의 키를 백만 배 하면 어떻게 될까?

그림 3. 인간을 백만 배로 키우면 흑해에서 발칸반도까지 달한다

풀 이

I.

7밀리미터를 1,000,000으로 곱하면 7킬로미터이다. 웬만한 도시의 크기이다. 즉 백만 배로 늘인 파리의 몸은 도시 전체를 덮는다.

II.

시계의 지름은 약 50킬로미터가 되며, 시간을 나타내는 수는 7킬로미터쯤 된다.

III.

1,700킬로미터다! 이는 지구 지름의 $\frac{1}{8}$ 이다. 한마디로 상트페테르부르크에서 모스크바까지 한 걸음에 갈 수 있다. 누우면(그림 3) 그 키는 핀란드 만에서 크림 반도까지 이른다. 이런 예를 더 들어보자. 여러분들도 상상해보라. 여러분이 한 방향으로 백만 걸음 걷는다면 600킬로미터를 움직일 수 있다. 모스크바에서 상트페테르부르크까지는 백만 걸음 조금 넘는다. 서울에서 부산까지 직선거리는 약 320㎞이다—옮긴이

백만 명이 어깨동무하고 서 있으면 그 거리는 250킬로미터이다.
골무로 물을 백만 번 뜬다면 약 1톤의 물을 뜨게 된다.
백만 쪽짜리 책을 만든다면 그 두께가 50미터가 된다.
백만 일은 2,700년보다 크다. 기원 후 아직까지 백만 일이 지나지 않았다!

## 6. 거인수의 이름

지금까지 백만에 대해서 이야기했다. 더 큰 거인수인 십억(milliard영국에서

는 milliard라 하고 미국에서는 billion이라고 한다. -옮긴이)이나 일조(trillion)로 이전하기 전에 그 수의 명칭을 알아보자.

백만(million)은 천의 천 배이다.

1,000,000

십억(milliard)은 백만의 천 배이다.

1,000,000,000

일조(trillion)는 십억의 천 배이다.

1,000,000,000,000

이런 형태로 일조는 백만의 백만이고 0을 열두 개 써준다.

여러분이 조보다 더 큰 거인수를 알고 싶다면 표를 보면 된다.

거인수 표시법

이 명칭은 러시아에서 사용되는 명칭이다. 나라마다 약간의 차이가 있다.-옮긴이

| 명칭 | 영의 개수 | 학술적인 표현 방식 |
|---|---|---|
| Million | 6 | $10^{6}$ |
| Milliard(Billion) | 9 | $10^{9}$ |
| Trillion | 12 | $10^{12}$ |
| Quadrillion | 15 | $10^{15}$ |
| Quintillion | 18 | $10^{18}$ |
| Sextillion | 21 | $10^{21}$ |
| Septillion | 24 | $10^{24}$ |
| Octillion | 27 | $10^{27}$ |
| Nonillion | 30 | $10^{30}$ |
| Decillion | 33 | $10^{33}$ |

| 명칭 | 영의 개수 | 학술적인 표현 방식 |
|---|---|---|
| Undecillion | 36 | $10^{36}$ |
| Dodecillion | 39 | $10^{39}$ |

수의 명칭은 나라마다 약간씩 차이가 있다. 일반적으로 거인수의 표현은 학술적인 표현 방식으로 한다. 이렇게 하면 수 표현에 실수가 없으며 계산도 훨씬 편하기 때문이다.

## 7. 십억

십억(milliard)은 지금까지 거론된 수 가운데 가장 젊은 수이다. 십억은 프러시아 전쟁이 끝난 1871년에야 처음 사용되었다. 프랑스는 독일에 5,000,000,000프랑크를 손해배상해야 했다. 백만, 즉 million처럼 단어 milliard는 어근이 'mille'(천)이며 이탈리아식으로 천을 확대하는 방식으로 만들었다.

십억의 거대한 크기를 이야기해보자. 여러분이 읽는 이 책은 자모 300,000로 만들었다. 이런 책 세 권이 바로 백만이 된다. 즉 자모 십억 개는 같은 크기의 책 3,000권을 의미한다. 이 책을 조심스럽게 겹쳐 쌓는다면 이삭성당 상트페테르부르크에 있는 아름다운 성당. 높이는 101.5m. 페렐만이 살던 때 러시아에서 가장 높은 건물이다.—옮긴이의 높이가 된다.

1미터짜리 큐빅(정육면체)에는 1밀리미터짜리 큐빅이 정확히 십억 개 있다(1,000×1,000×1,000). 이 조그마한 큐빅을 한 줄로 쌓는다면 얼마나 높이 올라갈까? 그것은 1,000킬로미터이다. 십억 분은 1,900년을 조금 넘는다.

그림 4. 상트페테르부르크의 이삭성당

바로 얼마 전(1902년 4월 29일 오전 10시 40분)에 기원 후 십억 분이 지나갔다.

## 8. 일조

백만에 익숙해진 사람이라도 이 거인수를 느끼기에 힘이 든다. 거인 백만은 초거대수 일조(trillion) 옆에서는 난쟁이에 지나지 않는다. 일조 옆의 백만은 백만 옆의 일과 같다. 우리는 곧잘 백만이나 일조의 커다란 차이를 이해하지 못하는 경우가 있다. 마치 둘이나 셋까지 밖에 셀 능력이 없는 원시인이 그 이상의 수를 '많다' 라고 이야기하듯 한다.

보토쿠드족인디안 종족으로 브라질에 살았던 민족. 현재는 존재하지 않는다.-옮긴이 사람들이 2와 3 사이에 차이가 없다고 생각하는 것처럼 현대의 교육받은 사람은 백만과 일조 사이에 차이가 존재하지 않는다고 생각한다. 적어도 그들은 한 숫자가 다른 숫자를 백만 배 해서 얻은 수라는 것을 생각하지 않는다. 백만과 일조의 차이는 모스크바에서 샌프란시스코까지 가는 길의 전체 길이와 그 거리의 폭의 관계라고 할 수 있다.

머리카락을 일조 배 확대하면 지구보다 8배가 크며 파리를 확대하면 태양과 같은 크기가 된다.

1932년까지 나온 모든 책에는 대충 100조의 자모를 셀 수 있다. 그 자모를 한 줄로 늘어놓으면 지구를 500바퀴 돈다!

한 칸 건너뛰고 올라가면 백경(Quintillion)Trillion 이상의 숫자는 나라마다 그 크기가 다르다. 여기에서는 앞의 표에서 보았듯이 러시아 입장에서 본다.이다. 이 수는 일조를 백만 배 한 것이다. 일조는 그 옆에 서 있으면 일과 백만의 관계와 같다.

백만, 일조, 백경의 상관관계는 다음과 같이 표현할 수 있다. 상트페테르부르크에는 오래 전에 백만 인구가 살고 있었다. 그리고 상트페테르부르크 같은 도시 백만 개를 한 줄로 죽 연결하면 700만 킬로미터(달까지 거리의 20배쯤) 정도 된다. 이러면 인구 일조가 된다. 이제는 그런 도시로 연결된 줄이 하나가 아니라 백만 개라고 해보자. 정확하게 정사각형 안에 도시 백만 개가 있으며 도시 백만 개에는 각각 백만 명이 살고 있다. 이러면 바로 인구가 백경이 된다.

벽돌 백경 개로 지구를 덮는다면 4층집 높이로 덮을 수 있다. 그만큼 벽돌을 만들려면 1년에 50억 개를 만든다 해도 2억 년이 걸린다. 강력한 망원경으로 지구의 양쪽 하늘을 동시에 볼 수 있다면 별 5억 개를 관찰할 수 있다. 이 별 모두에 지구의 인구 수20C 초의 인구 20억으로 계산했을 때이다-옮긴이 만큼 보내서 살게 한다면 인구 수는 백 경이 된다.

마지막 상상은 미세 세계, 즉 자연을 구성하고 있는 분자에서 시작하자. 분자는 여러분이 보고 있는 책의 글자보다 백만 배 정도 작다. 그런 분자 백경 개를 한 줄로 길게 늘이면 지구를 일곱 바퀴 돌고도 남는 길이가 된다!

공기 1세제곱 센티미터에 분자 20-30트릴리온(trillion)개가 있다. 이 수가 얼마나 큰지 알아보기 위해 가장 강력한 공기 펌프(천만 배 밀도를 낮추는)로 분자를 흩트렸다. 그렇지만 1세제곱 센티미터에는 여전히 분자 2억 7천만 개가 있음을 볼 수 있다. 거대한 분자 개수 또는 생각할 수도 없는 작은 것 가운데 어떤 것이 여러분을 놀라게 할지 모르겠다.

## 9. 초거대수

이미 몇 번을 이야기한 17세기에 마그니츠키가 쓴 《수학》에는 0이 24개인 수 콰드릴리온(Quadrillion)까지마그니츠키는 새로운 수의 명칭을 백만 단위로 보았기 때문에, 표에는 Quadrillion은 0이 15개인 수이지만 그에게는 0이 24개인 수이다. 언급한다. 고대 슬라브인들은 15세기까지 일억을 가장 커다란 수로 생각했다는 것을 보면 수 개념의 비약적인 발전이라고 하지 않을 수 없다. 그런데도 마그니츠키는 이렇게 커다란 수를 아는 것은 별로 큰 의미가 없다고 생각했다. 그는 다음과 같은 시를 썼다.

끝없는 수가 있다.
우리의 머리로는 다다를 수 없다.
우리가 셀 수 있는 것은 한정되어 있다.
하지만 그것은 무한정이다.
위의 표 이상의
큰 수를 찾는 것과 쓰는 것은
우리 생각의 한계 밖이다.
하늘 아래 모든 것을 세어야 한다면
수는 세상에 존재하는 것을 셀 수 있을 정도면 된다.

고전 수학자는 이 시에서 인간의 머리는 그가 만든 표 밖의 끝없는 수를 받아들일 수 없음을 이야기하였다(우리가 셀 수 있는 것은 한정되어 있다). 그가 만든 수는 1부터 $10^{24}$까지였다. 이것은 그가 생각하기에 세상에 존재하는 모든 것을 셀 수 있는 수였다(하늘 아래 모든 것을 세어야 한다면).

한 가지 재미있는 사실은 아직까지도 자연을 연구하는 사람들은 마그니츠키의 표의 수 안에서 '하늘 아래 모든 것을 셀 수' 있다는 점이다. 매우 강력한 망원 렌즈가 달린 사진기로 잡을 수 있는 먼 우주의 한 점에서 지구까지 거리를 측정하는 천문학자에게나 백만 단위 이상이 필요하다. 우주에서 가장 먼 곳에서 지구까지의 거리는 십억 광년이 넘으니 말이다. 이 거리를 센티미터로 표현한다면 약 10,000 셉틸리온(septillion)이다. 즉 마그니츠키의 표에서 해결할 수 있다.

한편 세상은 정말로 크지 않다. 실제로 $10^{24}$의 숫자를 쓸 이유는 거의 없다. 기체 1세제곱 센티미터의 분자 수는 우리가 접하는 가장 큰 수이지만 수천 경에 불과하다. '바다가 물방울 몇 개로 이루어졌을까'(물방울 하나의 부피를 1세제곱 밀리미터라고 했을 때)를 알려면 $10^{24}$가 필요하지 않을까. 그 수는 실제로 수천 $10^{24}$이기 때문이다. 태양계의 무게를 그램으로 표시한다면 $10^{24}$보다 큰 숫자가 필요할 것이다. 그것은 34개의 숫자로 이루어진 $2 \cdot 10^{33}$이다.

## 10. 거인 시간

거인 시간은 거대한 거리나 부피보다 더 곤혹스럽다. 지리학에서는 가장 오래된 지층은 수백만 년 전으로 거슬러 올라간다고 한다. 어떻게 잴 수도 없는 기간을 느낄까? 한 학자는 다음과 같은 방법을 제시한다.

"지구의 역사를 직선으로 표시하면 500킬로미터쯤이다. 이 거리는 캄브리아기(지구의 가장 오래된 시기)부터 현재까지의 5억 년을 의미한다. 즉 1킬로미터는 백만 년을 가리킨다. 때문에 500~1,000미터는 빙하기를 나타낸다. 인류 6,000년 역사는 6미터(방의 한 면의 길이)로 아주 작아진다. 70년으로 본 인간 수명은 7센티미터이다. 1초에 3.1밀리미터 움직이는 달팽이가 전체 길이를 가는 데는 정확히 5년이 걸린다. 그리고 1차대전 개전부터 현재까지는 40초이다. 이 책은 1927년에 처음 출판되었다. –옮긴이 인간이 설명할 수 있는 역사가 전체 지구의 역사에 비하면 얼마나 하잘것없는지 알게 된다."

# 11. 거인에서 난쟁이로

걸리버는 처음에 난쟁이 나라로 표류했다가 거인 나라를 간다. 우리는 반대로 여행하자. 거인수를 알아보았으니 난쟁이수를 알아보자. 난쟁이수는 거인수 크기만큼이나 작은 수이다.

난쟁이 세계의 대표 찾기는 전혀 어렵지 않다. 단지 백만, 십억, 일조 등의 수에 반대되는 수, 즉 1을 이러한 수로 나누면 된다. 분수로 표시하면 다음과 같다.

$$\frac{1}{1{,}000{,}000} \quad \frac{1}{1{,}000{,}000{,}000} \quad \frac{1}{1{,}000{,}000{,}000{,}000} \text{ 등}$$

전형적인 난쟁이수는 1과 비교하면 크기가 마치 1을 백만, 십억, 일조 등의 거인수와 비교했을 때처럼 작게 느껴진다.

여러분은 각각의 거인수에 해당하는 난쟁이수를 볼 수 있다. 즉 난쟁이수는 거인수의 개수보다 더 적지 않다. 그것들을 표현하기 위해 마찬가지로 방법을 고안했다. '6. 거인수의 이름' 에서 다음처럼 거대한 수를 학술적으로 표시하는 법을 알아봤다.

1,000,000 ················ $10^6$

10,000,000 ················ $10^7$

400,000,000 ·············· $4 \cdot 10^8$

6,000,000,000,000,000 ····· $6 \cdot 10^{15}$

등

이것과 마찬가지로 난쟁이수는 다음과 같이 표시할 수 있다.

$\frac{1}{1,000,000}$ ················ $10^{-6}$

$\frac{1}{100,000,000}$ ·············· $10^{-8}$

$\frac{3}{1,000,000,000}$ ············ $3 \cdot 10^{-9}$

등

현실에서 이런 분수가 필요할까? 정말 이렇게 작은 수와 접할 기회가 있을까?

## 12. 난쟁이 시간

1초는 정말로 매우 작은 시간의 개념으로서 그 수를 나누어야 할 경우는 거의 없다. $\frac{1}{1,000}$ 초라고 쓰기는 쉽지만 거의 의미 없는 수이다. 그렇게 짧은 시간에 뭔가 일어난다는 것은 불가능하기 때문이다.

많은 사람들이 위와 같이 생각하지만 잘못된 생각이다. 1,000분의 1초에 정말 많은 일이 일어날 수 있기 때문이다. 시속 36킬로미터로 달리는 기차는 1초에 10미터를 움직인다. 결과적으로 1,000분의 1초에 1센티미터 움직인다. 공기 중의 소리는 1,000분의 1초에 33센티미터를 움직이고, 총에서 발사된 총알은 초속 700~800미터로 날아간다. 위의 시간을 대입하면 총알은 1,000분의 1초에 70센티미터를 날아간다.

지구는 태양 둘레를 1,000분의 1초에 30미터 돈다. 고음을 내는 현악기는 1,000분의 1초에 떨림이 2~4번 있다. 모기도 이 시간에 위아래로 날개를 움직일 수 있다. 번개는 1,000분의 1초보다 짧지만 이 시간 동안 자연의 새로운 현상을 만들기도 하고 없애기도 한다(번개는 1킬로미터쯤 날아간다).

하지만 1,000분의 1초를 난쟁이수라 하기에는 모순이 있다. 어느 누구도 1,000을 거인수라 하지 않기 때문이다. 그래서 백만 분의 1초를 이야기하면 현실에서 아무런 의미도 없는 수를 왜 다루느냐 할 것이다.

또 한 번 잘못 생각하는 것이다. 현대물리학에서 백만 분의 1초는 그렇게 작지 않은 시간이다. 광학자들은 더욱 작은 단위의 초를 가지고 연구한다. 빛은 1초에 (진공상태에서) 300,000킬로미터를 움직인다. 결국 빛은 1,000,000분의 1초에 300미터를 움직인다. 소리가 1초에 움직이는 거리와 같다.

계속 살펴보자. 빛은 주파의 현상이다. 빛의 주파수는 1초당 몇 백조 개가 나타난다. 빛의 주파는 눈에 작용해서 붉은색을 느끼게 하는데 이는 초당 400조의 주파수를 가지고 있다. 즉 백만 분의 1초에 400,000,000의 주파가 우리 눈에 비치고, 결론적으로 400,000,000,000,000의 1초에 하나씩 빛의 주파가 보이는 것이다. 이것이 바로 진정한 난쟁이수이다.

하지만 이것도 물리학에서 뢴트겐선(X선)을 연구할 때 만나는 시간 단위에 비하면 거인이나 다름없다. 투명하지도 않은 물체를 뚫고 지나가는 놀라운 빛은 마치 가시광선같이 보이지만 주파수는 가시광선보다도 훨씬 높아 1초에 25,000조의 주파수를 가지고 있다. 이것은 붉은색 가시광선

주파수보다 60배 더 많은 양이다.

감마선은 뢴트겐선보다 주파수가 더 많다. 이런 식으로 난쟁이수의 세계에서도 거인과 난쟁이가 존재한다. 걸리버는 난쟁이에 비해 열두 배 큰 거인이지만 우리는 여기서 한 난쟁이가 다른 난쟁이에 비해 60배(12×5) 큰 것을 알 수 있다. 하나는 다른 하나에 비해 거인이라고 할 만하다.

## 13. 공간 속의 난쟁이

자연을 연구하는 사람이 측정하고 가치를 부여하는 가장 작은 길이는 얼마나 될까? 미터법에서 가장 많이 사용되는 가장 작은 단위는 밀리미터이다. 밀리미터는 쉽게 이야기해서 성냥의 두께보다 두 배 작다. 그냥 눈으로 물체를 측정하기에는 이러한 단위면 충분하지만, 박테리아처럼 더 작은 것을 볼 수 있는 현미경으로 본다면 밀리미터는 매우 커다랗다.

학자들은 이러한 것을 재기 위해 더 작은 단위를 만들었다. 마이크론(현재는 마이크로미터)이 그것이다. 이는 밀리미터보다 1,000배 작다. 우리 피 한 방울에 있는 적혈구의 길이는 7마이크론이고 두께는 2마이크론이다. 그런 적혈구를 1,000개 겹쳐놓아야 성냥 두께가 된다.

그림 5. 1mm는 성냥개비 두께의 반이다

하지만 현대물리학에서 마이크론은 길이를 재는 데 너무나 큰 단위이다. 현미경으로도 관찰할 수 없는 게 자연의 모든 물체를 구성하고 있는 분자이다. 분자를 구성하고 있는 원자는 100분의 1에서 1,000분의 1 마이크론이다. 100분의 1 마이크론이 원자의 크기라면 원자를 100만 개 늘어놓아야 1센티미터가 된다.

원자의 크기가 얼마나 작은지 상상할 수 있게 그림 6을 보자. 지구 위의 모든 물체를 백만 배 크게 만들면 에펠탑(높이 300미터)은 공중으로 300,000킬로미터 높이로 솟아오른다. 이는 달과 지구의 거리와 비슷한 길이이다. 인간의 키는 지구 반지름의 4분의 1인 1,700킬로가 된다. 거인의 한 걸음은 600~700킬로미터가 된다. 그의 핏속에 존재하는 아주 작은 적혈구 수십억 개의 길이가 7미터에 달한다. 머리카락 두께는 100미터가 된다. 쥐는 100킬로미터, 파리는 7킬로미터가 된다.

그림 6. 지구상의 모든 것이 백만 배 커졌다고 상상해보라

위와 같이 확대를 하면 원자는 어떻게 바뀔까? 믿기 어려울 것이다. 원자의 크기는 우리가 읽는 책의 글자만하게 된다! 물리학에서도 건드리지 않는 작은 크기의

무엇이 있을까? 얼마 전까지도 원자보다 더 작은 것이 회전운동하는 하나의 작은 세계를 생각하지 못했다. 하지만 원자는 중심에 있는 핵과 그 주위를 도는 전자로 구성되어 있다. 전자의 크기는 수조분의 1밀리미터다. 전자와 먼지의 크기를 비교하면 지구와 먼지 크기만큼이나 차이 나는 것을 믿겠는가?

원자(난쟁이 중의 난쟁이인 원자)를 전자와 비교하면 태양계에서 지구와 태양계의 크기만큼 차이 난다는 것을 알게 되었다. 다음과 같은 줄을 만들어보자. 줄의 앞에 있는 것은 다음에 있는 것에 비하면 거인관계이다.

전자
원자
먼지
집
지구
태양계
북극성까지의 거리
은하수

위 줄의 앞의 것은 그 다음 줄의 25만분의 1이다. 이 표만큼 크다 작다를 아름답게 표현한 것은 없을 것이다. 세상에는 절대적으로 큰 것도 절대적으로 작은 것도 존재하지 않는다. 모든 것은 어떤 것과 비교했을 때만 크게도 작게도 변한다.

## 14. 초거인수와 초난쟁이수

다음의 신기한 수를 이야기하지 않으면 지금까지 이야기한 거인수와 난쟁이수 이야기는 끝나지 않는다. 이야기에 접근하기 위해 재미있는 문제를 살펴보자.

계산 식을 쓰지 않고 숫자 세 개로 쓸 수 있는 가장 큰 수는 무엇일까? 999라고 하고 싶은가? 물론 아니다. 그렇다면 문제를 내지 않았다. 답은

$$9^{9^9}$$

이다. 이렇게 표시된 수는 '9를 9제곱한 수로 9를 제곱한다' 를 의미한다. 다르게 표현하면 '곱하기를 아홉 번 한 9로 9를 제곱해야 한다' 이다.

$$9 \times 9 \times 9 \times 9 \times 9 \times 9 \times 9 \times 9 \times 9$$

시작만 해도 얼마나 큰 수인지 알 수 있다. 여러분이 끈기 있게 계산하면 다음과 같은 수가 나온다.

$$387{,}420{,}489$$

이 계산은 이제부터 시작이다. 다음을 계산해야 한다.

$$9^{387{,}420{,}489}$$

즉 9의 387,420,489제곱 값이다. 어림 값인 4억 제곱으로 계산해보자.

계산하는 데 낭비할 시간이 없으므로 답을 알려주면 좋겠지만 어쩔 수

없는 세 가지 이유로 답을 알려줄 준비가 되어 있지 않다.

첫째, 이 계산을 한 사람은 현재까지 없고(비슷한 값만 알려져 있다.), 둘째 설령 계산되었다 할지라도 그 수를 쓰기 위해서는 책 천 권 이상이 필요하기 때문이다. 왜냐하면 총 369,693,061개의 숫자로 되어 있다. 일반적인 활자로 그 수를 뽑는다면 1,000킬로미터에 달한다. 이는 상트페테르부르크에서 니즈니노보고로드까지의 거리다. 마지막으로 나에게 종이와 잉크가 있더라도 여러분을 만족시키지 못할 것이다. 쉽게 이해하리라 믿는다. 내가 1초에 숫자 두 개를 쓴다면 한 시간에 7,200개를 쓴다. 잠도 자지 않고 하루 종일 쓰더라도 하루에 172,800개 이상 쓸 수 없고, 쉬지 않고 작업해도 7년 넘게 써야 한다.

나는 이 수가 428,124,773,175,747,048,036,987,118로 시작하고 89로 끝난다는 것을 이야기해 줄 수 있다. 하지만 처음과 끝 사이에 어떤 숫자가 있는지는 모른다. 다만 '369,693,061개의 숫자가 있다!' 라고 할 수밖에 없다.

여러분은 우리가 표현한 수가 생각할 수 없을 만큼 커다란 수임을 알았다. 이 많은 숫자로 나타낸 수는 얼마나 클까? 모든 물체에 있는 전자 수로도 표현할 수 없는, 이 세상에 존재하지 않는 수이기 때문에 대충 얼마라고 하기도 힘들다.

아르키메데스는 아주 가는 모래알로 우주 전체를 채운다면 모래알이 얼마나 많이 들어갈까 계산했는데 64자릿수를 넘지 않았다. 그런데 지금 이야기한 수는 64개가 아니라 숫자 3억 개로 이루어진 수이다. 아르키메데스의 거대한 수는 비교도 안 될 정도로 작은 수이다. 이 수를 간편하게

나타내면

$$9^{9^{9}}$$

이다. 그 반대의 수를 만들어보자. 1을 이 수로 나누면 상반되는 난쟁이 수가 나온다. 그것은 아래와 같이 나타낼 수 있다.

$$\frac{1}{9^{9^{9}}}$$

이것은 아래와 같다.

$$\frac{1}{9^{387,420,489}}$$

우리는 이미 알고 있는 거대한 분모를 갖게 된다. 초거인수가 초난쟁이 수로 변했다.

9 세 개로 만들어진 거인수에 대해 짚고 넘어갈 문제가 있다. 나는 이렇게 표현된 수를 세는 것이 별로 힘들지 않다는 독자 편지를 받았다. 실제로 몇몇 독자는 많은 시간을 들이지 않고 그 수를 표현했다. 방법은 내가 이야기한 것처럼 아주 소박하다. 그들은

$$9^{9}=387,420,489$$

라고 썼다. 즉 387,420,489를 9제곱하면 숫자는 72개만 필요하다. 물론 작지 않은 수이지만 3억 7천 개에 비하면 매우 작은 수이다.

하지만 독자는 세 단계 제곱의 의미를 정확하게 파악하지 못한 실수를 저질렀다. 그들은

$$(9^9)^9$$

로 이해했다. 하지만 올바로 이해하려면

$$9^{(9^9)}$$

와 같이 이해해야 한다. 이 차이가 엄청난 오류를 범하게 만든다. 두 경우 같은 답이 나오려면 오직 한 경우이다. 그것은

$$2^{2^2}$$

같은 경우이다. 위의 수는 어떻게 계산하든 마찬가지이다. 두 경우 모두 답은 16이다. 재미있는 것은 위의 수가 2 세 개로 쓴 수 가운데 가장 큰 수가 아니라는 것이다. 만약

$$2^{22}$$

와 같이 2를 조합하면 더 큰 수가 나온다. 이 값은 4,194,304이다. 이는 16보다 훨씬 큰 수이다.

여기서 세 단계의 제곱수가 같은 수 세 개로 표현했을 때 항상 가장 큰 수가 나오지 않음을 알았다.

수의 무한성

# 거인수의 천적

끝맺으면서 아주 특별한 거인수인 세제곱 마일을 살펴보자. 지리학적인 마일을 이야기하는 것으로, 적도에서의 경도 1도의 15분의 1이며, 7,420미터로 환산된다.(일반적으로 1마일은 1,609미터이다. 하지만 여기에서 이야기하는 마일은 이것과는 다른 것이다. 러시아에서 쓰이는 거리 단위이며 지리학적 마일 또는 독일식 마일이라고 일컫는 것으로 1마일은 7,420미터이다.)

천문학자에게나 필요한 커다란 세제곱 단위를 우리는 과소평가한다. 1세제곱 마일을 머릿속에서 제대로 떠올리지 못한다면 — 측량 단위로서

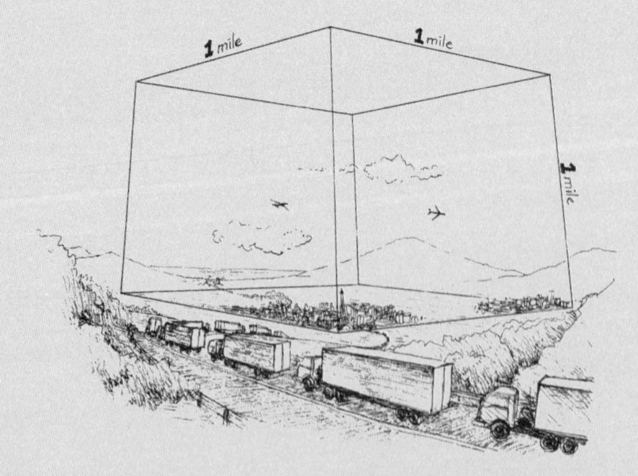


그림 7. 1세제곱 마일의 상자는 너무나 크기 때문에 다른 수들은 난쟁이처럼 보인다

는 가장 큰 — 우리는 지구나 다른 항성 또는 태양의 부피에 대해 커다란 실수를 저지르게 된다. 그렇기 때문에 1세제곱 마일이 얼마나 큰지 대략이나마 알기 위해 귀중한 시간을 들일 필요가 있다고 본다.

그림 7은 거의 잊혀진 16세기경에 출판된 《환상적인 세계 여행》이라는 책에 나온 것이다.

"곧게 뻗은 길에서 1마일(약 7.5킬로미터)을 볼 수 있다고 하자. 1마일 기둥을 만들어 길의 한쪽 끝에 세우자. 이제 세워둔 기둥의 끝을 보자. 기둥 옆에 키가 7킬로미터 이상 되는 인간의 동상이 서 있다면, 동상의 무릎은 약 1,800미터 높이에 있고, 허리까지 올라가려면 이집트의 피라미드를 25개 쌓아 올려야 한다!

이제 높이가 1마일인 기둥을 두 개 세우는 데 두 기둥 사이의 거리 1마일을 널빤지로 연결한다. 이러면 폭 1마일과 높이 1마일인 벽이 생긴다. 이것이 1제곱 마일이다.

수직으로 서 있는 나무 벽이 있다. 이 벽 네 개가 상자처럼 서로 연결되었다고 하자. 그 위를 폭이 1마일이고 길이가 1마일인 덮개를 씌운다. 이 상자의 부피가 1세제곱 마일이다. 그 상자가 얼마나 큰지 알아보자.

우선 덮개를 열고 그 안에 상트페테르부르크의 모든 건물을 넣어보자. 건물들이 차지하는 부피는 매우 작다. 모스크바로 가면서 모든 크고 작은 도시들을 여기에 넣어도 상자의 밑바닥을 간신히 채울 뿐이다. 그럼 더 가서 다른 곳을 살펴보자. 개선문과 에펠탑이 있는 파리를 넣어보자. 표시도 나지 않는다. 여기에 런던, 빈, 베를린을 넣어도 상자를 채우기에 턱

없이 부족하다. 이제 이것저것 가리지 않고 모든 도시, 성, 시골마을, 건물 따위를 넣자. 그래도 적다. 그러면 유럽에서 인간이 만든 모든 것을 넣자. 이래도 상자의 4분의 1이 찰까말까다. 전 세계의 모든 배를 넣자. 별로 도움이 되지 않는다. 이집트의 모든 피라미드, 모든 철도, 모든 차와 공장, 그리고 아시아, 아프리카, 아메리카, 오스트레일리아에서 인간이 만든 모든 것을 넣자. 이래도 상자의 반이 찰까말까다. 상자를 좀 흔들어 꼭꼭 끼워 넣은 다음 인간을 다 넣을 수 없을까 생각해보자.

인간이 다치지 않게 전 세계의 모든 짚, 모든 종이를 상자에 깔자. 먼저 독일 사람들을 넣고 그 위에 1피트 두께로 푹신하게 짚을 깔고 그만큼의 사람을 더 넣자. 그리고 위에 다시 깔고 이런 식으로 유럽, 아시아, 아프리카, 아메리카, 오스트레일리아의 사람 모두 넣자. 이 모든 사람은 50층쯤 될 것이다. 한 층의 높이가 1미터라면 겨우 50미터이다. 상자의 나머지 반을 채우기 위해서는 열 배는 더 많은 사람이 필요하다.

그럼 다음은?

동물을 넣기를 원한다면 모든 말, 소, 망아지, 노새, 양, 낙타, 새, 물고기, 뱀 모든 것을 던져 넣자. 돌이나 모래의 도움이 없다면 상자를 다 채우지 못한다. 이것이 1 세제곱 마일이다. 놀랍게도 지구를 가지고 1세제곱 마일짜리 상자를 총 6억 6천만 개 만들 수 있다! 1세제곱 마일을 올바르게 인식한다면 지구가 얼마나 큰지 제대로 이해할 수 있다."

한마디 더하면, 1세제곱 마일 상자에는 수백경의 밀을 넣을 수 있다. 이렇듯 거인 입방체는 다른 거인수를 모두 잡아먹는 거인수의 천적이다.

# 07

## 수학 여행

⚜

이제 수학 또는 수 앞에서 여러분들이 부쩍 커진 것을 느낄 수 있을 것입니다.

막연한 공포감도 두려움도 이제 여러분들한테서는 사라져 버렸을 것입니다.

가벼운 마음으로 수학 여행을 떠나보도록 합시다.

여러분들이 하루에 움직이는 거리가 50*km*라고 가정하면, 일년에 약 18,000*km*를 움직이게 됩니다. 18,000*km*가 얼마나 될까요? 지구 한 바퀴가 약 40,000*km*라고 하니 여러분들은 지구의 반 바퀴를 돌게 되는 거죠. 놀라운 일이 아닐 수 없습니다.

이렇듯 수는 하나씩 떨어져 있으면 아주 하찮은 것이지만 그것들이 모이게 되면 엄청난 힘을 발휘하기도 합니다.

몇 군데로의 여행은 그러한 사실을 증명해줄 것입니다. 하지만 여기에 예를 든 여행들은 모두가 한 곳에서 벗어나지 않는다는 공통점이 있습니다. 그리고 엄청난 거리를 움직인다는 공통점도 함께 있습니다. 이러한 예는 우리들 생활 속에서 얼마든지 찾아볼 수 있을 것입니다.

## 1. 세계 일주 여행

나는 젊었을 때 상트페테르부르크의 유명한 잡지사의 사장 비서실에서 일한 적이 있다. 한번은 방문객 명함에서 처음 듣는 이름과 특별한 직업을 보았다. 그의 직업은 '러시아 최초로 걸어서 세계 여행한 사람' 이었다. 나는 직업상 세계의 이곳 저곳을 돌아다니는 사람과 세계로 여행을 다니는 여행가와 가끔 대화할 수 있었지만 '걸어서 세계 여행한 사람' 에 대해서 들어본 적이 없었다. 나는 지칠 줄 모르는 그를 빨리 만나고 싶었다.

이 놀라운 여행가는 젊었으며 매우 왜소해 보였다. 언제 이 특별한 여행을 했느냐는 질문에 '러시아 최초로 걸어서 세계 여행한 사람' 은 바로 지금 그 여행을 하고 있다고 하였다. 여정은? 슈발로보-상트페테르부르크(두 곳 사이의 거리는 약 10킬로미터이다.) 그리고 그 뒤의 계획은 나와 상의하고 싶다고 하였다. 대화 중에 '러시아 최초로 걸어서 세계 여행한 사람' 의 계획은 나를 당혹스럽게 했다. 그의 계획은 적어도 러시아 국경을 넘어가지 않는 선에서 이루어졌다.

"어떻게 그런 계획으로 세계 여행을 하죠?"

기가 막혀서 물어보았다.

"중요한 것은 지구의 원주만큼 걸어가는 것이죠. 이것은 러시아에서도 가능해요."

그는 나의 의구심을 풀어주었다.

"벌써 10킬로미터를 왔어요. 이제……"

"39,990킬로미터가 남았죠. 좋은 여행이 되기를 빌어요!"

나는 '러시아 최초로 걸어서 세계 여행한 사람' 이 나머지 거리를 어떻게 여행했는지 알지 못한다. 하지만 그의 생각을 실현했을 거라고 믿는다. 어쩌면 그는 여행하지 않고 바로 슈발로보로 돌아갔는지도 모른다. 그리고 마을을 떠나지 않고 4만 킬로미터보다 더 먼 거리를 걸었을 것이다. 비극은 그가 그런 식으로 세계 여행한 첫 번째도 유일한 사람도 아니라는 점이다. 여러분도 나도 대부분의 사람들은 슈발로보의 여행가 생각대로라면 모두 '세계 여행' 을 하였다. 우리 모두는 그가 아무리 집에만 틀어박혀 있어도 전 생애 동안 지구 둘레만큼의 거리를 걸을 것이라는데 의심의 여지가 없기 때문이다. 간단한 계산이 이 사실을 증명해줄 것이다.

여러분은 하루 중 다섯 시간 넘게 발로 서 있다. 방 안을 거닌다든지, 정원을 걷는다든지 거리를 걷는다든지, 어떤 식으로도 걷는다. 주머니에 '걸음을 세는 기계' 가 있다면 하루에 약 30,000걸음을 걸을 것이다. '걸음을 세는 기계' 가 없어도 걷는 거리가 얼마나 되는지 대충 알 수 있다. 사람이 가장 느린 걸음으로 걸을 때의 속도는 시속 4~5킬로미터이다.

하루에 다섯 시간쯤 걷는다고 봤을 때 거리는 20～25킬로미터이다. 여기에 날수를 곱한다. 1년에 얼마나 걷는지 알기 위해 간단하게 360을 곱해보자.

$$20 \times 360 = 7{,}200 \text{ 또는 } 25 \times 360 = 9{,}000$$

즉 시골 마을 안에서만 사는 사람도 보통 1년에 8,000킬로미터를 걷는다. 지구 둘레가 40,000킬로미터라면 몇 년이나 걸어야 하는지 쉽게 계산할 수 있다.

$$40{,}000 \div 8{,}000 = 5$$

즉 5년 동안 지구 둘레를 한 바퀴 돈다. 두 살 때부터 걷기 시작한 13살짜리 학생은 '세계 여행'을 두 번 한 셈이다. 25살 청년은 네 번 넘게, 60살 노인은 열 번 정도 세계 여행을 하였다. 이는 지구에서 달까지 걸어간 것과 마찬가지다(380,000킬로미터). 이렇듯 일상생활의 결과가 전혀 기대하지 않은 결과를 낳기도 한다.

## 2. 몽블랑 등반

재미있는 계산 한 가지가 더 있다. 여러분이 편지를 배달하는 집배원에게 또는 왕진의사에게 몽블랑에 올라갔냐고 물으면 그들은 무슨 질문이냐고 놀랄 것이다. 하지만 여러분은 산악인도 아닌 그들이 알프스의 최고봉까지 올라갔을지도 모른다는 것을 쉽게 증명할 수 있다.

집배원이 편지를 배달하기 위해 또는 의사가 환자에게 가기 위해 하루에 얼마나 많은 계단을 오르는지 세어보면 된다. 가장 평범한 집배원도 가장 바쁜 의사도 등정 신기록을 세우고 있다는 것을 모른다. 자세히 보자.

계산을 위해 가장 작은 평균수를 알아보자. 예를 들어 집배원이 하루에 배달하는 사람 중에 2층, 3층, 4층, 5층에 사는 사람이 10명이라고 할 때 중간인 3층으로 계산하자. 3층은 10미터쯤 된다. 즉 집배원은 계단을 통해 하루에 $10 \times 10 = 100$미터씩 오른다. 몽블랑의 높이는 4,800미터이다. 이를 100으로 나누면 가장 평범한 집배원이 48일 만에 몽블랑을 오르는 것을 알 수 있다.

그래서 48일마다(또는 1년에 여덟 번) 집배원은 계단을 오르면서 유럽의 가장 높은 곳을 오른다. 어떤 훌륭한 스포츠맨이 1년에 여덟 번이나 몽블랑에 오르겠는가?

그림 1. 집배원은 며칠 안에 몽블랑 정상에 오를까

의사의 경우는 추측이 아니라 실제로 계산해보자. 상트페테르부르크에서 일하는 왕진의사는 하루 평균 2,500개의 계단을 올라가서 환자를 만난다는 통계가 있다. 층계 하나의 높이를 15센티미터라고 하면 1년에 300일 일할 때 의사는 1년에 112킬로미터를 올라간다. 몽블랑을 스무 차례 올라간 셈이다. 다르게 표현하면 성층권 비행기인 '오소아비아힘-1' 국방과 비행기 제작 및 화학품 제조 후원회의 약칭-옮긴이 높이의 다섯 배를 올라간 셈이다.

이러한 결과를 달성하기 위해 집배원이나 의사가 될 필요는 없다. 나는 스무 계단을 올라가야 하는 2층에 산다. 수는 매우 적은 듯하지만 거의 날마다 다섯 번은 오르고 같은 위치에 있는 두 아파트를 방문한다. 나는 하루 평균 스무 계단을 일곱 번쯤 오른다. 즉 140개 계단을 매일 오른다. 1년이면 얼마나 오를까?

$$140 \times 360 = 50,400$$

1년에 50,000계단 이상을 올라간다. 60년 동안 산 나는 이 계단을 동화에나 나올 만한 수인 300만 개 올랐다(450킬로미터). 만약 어린 내게 위의 끝없는 계단을 보여주면서 언젠가 저 끝까지 오르게 될 거야 한다면 얼마나 놀랄까!

엘리베이터에서 일하는 사람처럼 직업이 오르내리는 이는 얼마나 어마어마한 높이를 올라갔을까?

우리는 직업상 두 다리로 달까지 여행하고 온 사람이 있다는 사실에 놀라지 않을 수 없다. 예를 들어 뉴욕 마천루의 엘리베이터에서 일하는 사람은 15년이면 달까지 가게 된다.

## 3. 바다 밑 여행

지하에 사는 사람이나 지하 창고에서 일하는 사람은 매우 인상 깊은 여행을 한다. 하루에도 몇 번씩 얕은 계단을 내려가면서 몇 달이면 1킬로미터를 걸어간다. 이런 식으로 지하 창고에서 일하는 사람이 바다 밑바닥까지 도달하는 데 얼마나 걸릴지 계산하는 것은 별로 어렵지 않다.

밑으로 내려가는 계단 깊이가 2미터라 하고 하루에 열 번 내려간다면 그는 한 달에

$$30 \times 20 = 600m$$

1년에

$$600 \times 12 = 7{,}200m$$

즉 1년에 7킬로미터 남짓 내려간다. 땅속으로 깊이 판 탄광의 깊이가 2킬로미터를 넘지 않는다는 것을 기억하자. 이런 식으로 지하 창고에서 일하는 사람은 1년이면 바다 밑까지 도달한다.

그림 2. 지하창고에서 일하는 노동자는 며칠 만에 바다 밑바닥에 도달할까

## 4. 지치지 않는 바퀴

세계 일주 여행가는 주머니 속에 시계라는 이름으로 존재한다. 시계의

뒷면을 열어 기계장치를 봐라. 모든 톱니바퀴가 움직이지 않는 것처럼 천천히 움직이고 있다. 톱니바퀴들의 움직임을 보려면 오랫동안 주의 깊게 관찰해야 한다. 다만 작은 플라이휠만 쉬지 않고 왔다갔다하고 있다. 그것의 동작은 매우 빠르기 때문에 초당 얼마나 움직이는지 세기도 어렵다. 플라이휠은 실제로 초당 다섯 번의 왕복운동을 한다. 왕복운동 한 번은 연결된 톱니바퀴를 $1\frac{1}{5}$ 회전시킨다. 이 작은 톱니바퀴가 1년에 얼마나 많이 도는지 계산해보자. 제때에 태엽을 감는다면 시계는 멈추지 않는다. 플라이휠은 1분에 $5 \times 60 = 300$회 운동하고 한 시간에 $300 \times 60 = 18,000$번 운동한다. 하루에는 $18,000 \times 24 = 432,000$번 운동한다. 1년을 360일로 계산하면 플라이휠은

$$432,000 \times 360 = 155,520,000$$

번 운동한다. 플라이휠의 왕복운동 한 번이 톱니바퀴를 $1\frac{1}{5}$바퀴를 돌리는 것을 알고 있다. 여기서 1년에 도는 양은

$$155,520,000 \times 1\frac{1}{5} = 186,624,000$$

즉, 약 1억 8천 7백만 바퀴이다.

이 거대한 수만으로도 놀랍지만 다음의 계산을 하면 더 크게 놀랄 것이다. 1억 8천 7백만 바퀴를 자동차 바퀴가 돈다면 얼마나 갈 수 있을까? 자동차 바퀴의 지름은 약 80센티미터이다. 둘레는 약 250센티미터 또는 $2\frac{1}{2}$미터이다. $2\frac{1}{2}$에 1억 8천 7백만을 곱하면 약 470,000킬로미터이다. 자동차 바퀴가 시계의 플라이휠처럼 멈추지 않고 계속 돈다면 1년에

열 번 넘게 지구를 돌 수 있고, 달까지 갈 수 있다.

그 여행 동안 얼마나 자주 차를 고치고 바퀴를 바꿔야 할지 쉽게 계산할 수 있을 것이다. 시계의 작은 톱니바퀴는 기름도 치지 않고 수리하지 않아도 정확한 속도로 계속 돌아가고 있다.

## 5. 한 자리에 선 채 여행하기

마지막으로 식자공에 관한 이야기이다. 그들은 사무실에서 나가지도 않을 뿐만 아니라 식자판 앞에 선 채로 기나긴 수학 여행을 한다. 그는 1년이면 엄청난 양의 식자를 한다. 계산해보자. 글자 12,000개를 식자하기 위해 식자공은 손을 앞뒤로 0.5미터쯤 계속 움직인다. 1년의 300일을 업무일로 보면

$$2 \times 0.5 \times 12{,}000 \times 300 = 3{,}600{,}000m,\ \text{즉}\ 3{,}600km$$

식자판에서 벗어나지 않고 11년 동안 일한 식자공은 지구 한 바퀴를 돌 수 있다. '한 자리에 선 채 세계 여행한 사람' 이 '걸어서 세계 여행한 사람' 보다 더 흥미롭지 않을까?

이런 의미에서 세계 여행을 하지 않은 사람을 찾기는 불가능하다. 어쩌면 훌륭한 사람은 세계 여행한 사람이 아니라 세계 여행을 하지 않은 사람일지도 모른다. 누군가 여러분에게 자기가 그런 사람이라고 한다면, 여러분은 산술적으로 계산해서 그렇지 않음을 증명할 수 있다.

옮긴이의 글

# 우리는 모두 페렐만에서부터 나왔다.

러시아에서 학교를 다닐 때 우리는 페렐만의 과학책들을 보면서 재미있게 과학 공부를 했습니다. 재미있는 문제들을 서로 내고 그걸 풀려고 애썼던 기억이 생생합니다. 페렐만의 일련의 책 덕분에 우리는 과학이 정말 재미있고 유용한 것이라는 것을 알게 되었습니다. 그의 책은 수학과 물리, 역학이라는 학문을 우리가 늘 볼 수 있고 만질 수 있는 일상 생활 속의 모델을 제시하면서 재미있게 풀어주었기 때문입니다.

그의 책은 영어, 독일어, 프랑스어 등으로 번역이 되어서 전 세계 사람들이 읽고 있습니다. 그런데 대한민국에는 그의 책은 물론이고 그의 이름조차 제대로 소개되지 않아 안타깝게 느껴졌습니다. 대한민국의 청소년들에게 유익한 도움을 줄 수 있는 좋은 책을 하루빨리 번역해서 읽을 수 있도록 해야겠다는 생각을 하였습니다.

그래서 이 작업이 시작되었습니다. 관심을 갖고 살펴보시기 바랍니다.

2006년 3월

옮긴이 임 나탈리아